SHIYONG
CHUGOUJI
PEIFANG YU ZHIBEI
200LI

实用
除/垢/剂
配方与制备
200例

李东光　主编

化学工业出版社

·北京·

内 容 简 介

本书精心择选除垢剂新品种 200 余例，包括民用除垢剂和工业除垢剂。在介绍配方的同时详细介绍制备方法、原料介绍、产品特性等。可作为从事除垢剂科研、生产、销售人员的参考读物，也可供相关专业师生参考。

图书在版编目（CIP）数据

实用除垢剂配方与制备 200 例/李东光主编. —北京：化学工业出版社，2021.5（2023.2重印）
ISBN 978-7-122-38718-9

Ⅰ.①实… Ⅱ.①李… Ⅲ.①除垢剂-配方②除垢剂-制备 Ⅳ.①TE358

中国版本图书馆 CIP 数据核字（2021）第 046578 号

责任编辑：张 艳　　　　　　　　　　文字编辑：陈 雨
责任校对：张雨彤　　　　　　　　　　装帧设计：王晓宇

出版发行：化学工业出版社（北京市东城区青年湖南街 13 号　邮政编码 100011）
印　　装：北京虎彩文化传播有限公司
710mm×1000mm　1/16　印张 10　字数 211 千字　2023 年 2 月北京第 1 版第 2 次印刷

购书咨询：010-64518888　　　　　　　售后服务：010-64518899
网　　址：http://www.cip.com.cn
凡购买本书，如有缺损质量问题，本社销售中心负责调换。

定　　价：68.00 元　　　　　　　　　　　　　版权所有　违者必究

前　言

　　给水中所含杂质进入设备（容器）后，随着水温不断升高或蒸发浓缩，在设备（容器）内受热面水侧金属表面上生成的固体附着物称为水垢。

　　水垢的形成与水的硬度有着十分密切的关系。水垢主要是水中硬质物质的沉淀物，当水被加热或蒸发时，就形成水垢；在工业生产过程中，水是最重要的热交换介质，受热面和传热面的结垢就成为热交换工艺中困扰设备正常运行的主要问题之一。水垢会导致热效率下降，能耗增加，严重时堵塞管道甚至引起锅炉爆炸等严重后果。

　　水垢的导热性一般都很差。不同的水垢因其化学组成不同，内部孔隙不同，水垢内各层次结构不同等原因，导热性也各不相同。水垢的热导率大约仅为钢材板热导率的 1%～10%。这就是说假设有 0.1mm 厚的水垢附着在金属壁上，其热阻相当于加厚了几毫米到几十毫米。水垢的热导率很低是水垢危害大的主要原因。

　　除垢剂是一种去除水垢、污垢等多种垢渍的化学制剂，一般由多种组分复配而成。工业用除垢剂主要用于去除换热设备、锅炉等内的污垢，家用除垢剂主要用于去除饮水机、热水器、水壶等内的污垢。

　　除垢剂由多种组分复配而成，可快速清除溶解各种换热设备、锅炉和管道中的水垢、锈垢和其他沉积物，同时，在金属表面形成保护膜，防止金属腐蚀和水垢的快速形成；对各种设备和卫生设施表面的水泥薄层、污垢菌藻、蚀斑有极佳的清除作用。

　　为了满足市场的需求，我们编写了这本《实用除垢剂配方与制备 200 例》，书中收集了 200 多种除垢剂制备实例，详细介绍了产品的特性、用途与用法、配方和制法，旨在为除垢剂工业的发展尽点微薄之力。

　　需要请读者们注意的是，笔者没有也不可能对每个配方进行逐一验证，本书仅向读者提供相关配方思路。读者在参考本书进行试验验证时，应根据自己的实际情况本着先小试后中试再放大的原则，小试产品合格后才能往下一步进行，以免造成不必要的损失。

　　本书由李东光主编，参加编写的还有翟怀凤、李桂芝、吴宪民、吴慧芳、蒋永波、邢胜利、李嘉等，由于编者水平有限，书中不妥之处在所难免，请读者在使用过程中若发现问题及时指正。作者 E-mail 为 ldguang@163.com。

编者

2021 年 1 月

目 录

一、民用除垢剂

配方 1　玻璃窗除垢剂

原料配比

原料	配比(质量份)				
	1#	2#	3#	4#	5#
乙二醇	20	25	26	28	30
磷酸三钠	8	10	12	13	15
聚乙二醇	5	7	8	10	10
异丙醇	6	8	10	11	12
氯化钙	0.5	0.8	1	1.3	2
乙醇	10	12	13	14	15
聚甘油脂肪酸酯	0.5	0.8	1	1.2	2
滑石粉	0.5	1	1.2	1.5	2
水	70	75	76	78	80

制备方法

（1）按照质量份称取各组分。

（2）将水加热至 50～60℃，加入各组分搅拌混合均匀，降至室温。搅拌速度可以为 30～40r/min，时间可以为 20～30min。

　　产品应用　本品主要应用于各种类型的玻璃窗除垢。

　　产品特性　本品对玻璃无腐蚀性，不结冰，可以广泛应用于各种类型的玻璃窗以及各种季节，且使用该除垢剂耗时少，仅需喷淋即可，而且本品有较好的润滑作用，防止擦拭时的小颗粒对玻璃造成损害，无异味。

配方 2　厕所除垢除臭杀菌剂

原料配比

原料			配比（质量份）	
			1#	2#
除垢部分	烷基苯磺酸		10	10
	无机酸	硫酸	4	—
		盐酸	—	5
	表面活性剂	烷基酚聚氧乙烯醚	3	4
	增稠剂	聚乙烯醇	3	—
		羧甲基纤维素	—	5
	去离子水		80	76
除臭杀菌部分	过硫酸氢钾复合物		70	65
	有机酸	柠檬酸	10	—
		酒石酸	—	10
	除臭剂	薄荷香精、肉桂油和乙醇	5	5
	助剂	氯化钠	10	—
		硝酸钠	—	10
	香精		3	5
	色素		2	5
除臭剂组成	薄荷香精		20	25
	肉桂油		20	20
	乙醇		60	55

制备方法

（1）将配比好的除垢部分封装待使用。

（2）将配好的除臭杀菌部分封装待用。

产品应用　本品主要用于厕所除垢除臭杀菌。

使用方法：在使用时先将除垢部分倒入厕所浸泡 0.5h，然后对厕所进行刷洗，冲水清洗干净，然后将除臭杀菌部分倒入厕所中浸泡使用，可以直接浸泡至下次使用时。

产品特性

（1）本品中先使用除垢部分对厕所进行除垢，然后再利用除臭杀菌部分对厕所进行除臭和杀菌，能有效地清除厕所的污垢，同时在除去污垢后能有效除臭和杀菌，让厕所能够更长时间保持清洁、卫生；由于除臭杀菌部分不仅具有除臭成分，同时也加入了香精，在除臭后还保留香精的香味，让厕所保持非常好闻的气味。平时在厕所没有污垢时，可单独使用除臭杀菌部分，无需使用除垢部分，降低成本和污染。

（2）本品组合物先利用除垢部分对厕所进行除垢，然后再利用除臭杀菌部分对厕所进行杀菌；让厕所保持干净和清爽的味道，同时降低成本和对地下水的污染。

配方 3　厕所除垢剂

原料配比

原料	配比（质量份）		
	1#	2#	3#
脂肪醇醚硫酸钠	5	16	20
硫脲	5	10	15
浓度为40%的乙酸	20	50	80
浓度为20%的盐酸	40	60	70
三聚磷酸钠	10	20	30
亚硫酸钠	50	80	120
硫酸钾	2	7	12
氯化钠	2	5	8
聚醚醇	5	17	30

　　制备方法　将上述物料加入到反应釜中，加热至90℃，同时搅拌均匀，再保温2h，然后降温至常温，取出灌入模具凝固成型，即可制得成品。
　　产品应用　本品主要用于厕所除垢。
　　产品特性　本品配方简单，原料易购，除垢的效果显著，且不伤皮肤，降低了综合成本。

配方 4　厕所用除臭除垢剂

原料配比

原料	配比（质量份）		
	1#	2#	3#
单宁酸	0.25	0.2	0.3
没食子酸	1	0.8	1.1
葡萄糖	6	5	6.5
氯化钠	6	5	6.5
30%盐酸	7.4	10.6	4.45
表面活性剂	1.5	1	3.5
增稠剂	0.5	—	0.5
香精	0.1	0.3	0.15
水	加至100	加至100	加至100

　　制备方法　将各组分混合均匀即可。

　　产品应用　本品主要用于厕所除臭除垢。

　　产品特性　通常所使用的厕洁液，能除垢难除臭，而且除臭剂本身的气味强，对清洁人员的身体伤害大，本品中虽然加入了无机强酸盐酸，但与常用的厕洁液相比，盐酸的含量降低了很多，同时由于本品中含有葡萄糖和表面活性剂，能有效抑制盐酸的挥发，很好地掩盖了盐酸的臭味。

配方 5　抽油烟机除垢剂

　　原料配比

原料	配比(质量份)	原料	配比(质量份)
过氧化苯甲酰	18	二丁基苯酚	2
乙酸乙烯	15	柠檬酸	9
丁苯乳胶	6	苯乙烯	8
聚乙烯醇	3	过氯乙烯树脂	9
酚醛树脂	8	乙酸乙酯	4
环己酮	2	山梨糖醇甘油酸盐	5

　　制备方法　将各组分加入反应器中，混合均匀，减压蒸馏出甲醇和水分，反应4h后即成。

　　产品应用　本品主要用于抽油烟机除垢。

　　产品特性　本品提供的抽油烟机除垢剂，清洗剂为网络结构，成膜性能好，清洗效果好。

配方 6　抽油烟机除垢清洗液

　　原料配比

原料	配比(质量份)	原料	配比(质量份)
乙烯基双硬脂酸酰胺	24	环己酮	5
氢氧化钠	6	二丁基苯酚	3
过氧化苯甲酰	9	柠檬酸	6
乙酸乙烯	12	过氯乙烯树脂	9
丁苯乳胶	6	乙酸乙酯	4
聚乙烯醇	7	山梨糖醇甘油酸盐	5

　　制备方法　将各组分加入反应器中，混合均匀，减压蒸馏出甲醇和水分，反应4h后即成。

　　产品应用　本品主要是一种抽油烟机除垢清洗液。

　　产品特性　本品提供的抽油烟机除垢清洗液，清洗剂为网络结构，成膜性能好，清洗效果好。

配方 7　除臭除垢剂

原料配比

原料	配比(质量份)		
	1#	2#	3#
三乙醇胺	20	11	20
硬脂酸钠	60	44	60
草酸	25	18	25
氯丁胶乳液	45	31	45
硼酸	15	9	15
三聚磷酸钠	45	22	45
硅酸钾	25	15	25
硫酸钠	45	28	45

　　制备方法　将上述物料加入到反应釜中，加热至 90℃，同时搅拌均匀，再保温 2h，然后降温至常温，取出灌入模具凝固成型，即可制得成品。

　　产品应用　本品主要用于马桶除臭除垢。使用时将除垢剂放入抽水马桶水箱中，经过 3min，放出蓝色水溶液至厕盆即可。

　　产品特性　本品具有防结尿垢、杀菌消毒、除臭效果好、综合成本低等特性。

配方 8　除油除垢剂

原料配比

原料	配比(质量份)		
	1#	2#	3#
N-酰基谷氨酸钠	20	33	45
十二烷基聚氧乙烯醚硫酸钠	2	5	8
三乙醇胺	3	7	12
脂肪醇聚氧乙烯醚	10	20	30
磺酸钠	20	38	55
硅酸钾	5	10	15
柠檬酸	2	4	7
碳酸钙	20	28	35
氢氧化钠	20	40	60
去离子水	400	500	600

　　制备方法　将上述物料加入到反应釜中，加热至 90℃，同时搅拌均匀，再保温 2h，然后降温至常温，取出灌入模具凝固成型，即可制得成品。

产品应用　本品是一种除油除垢剂。使用时将除垢剂放入抽水马桶水箱中，经过 3min，放出蓝色水溶液至厕盆即可。

产品特性　本品具有除油、防垢、杀菌消毒、除臭效果好、综合成本低等特性。

配方 9　炊具除垢剂

原料配比

原料	配比（质量份）		
	1#	2#	3#
十二烷基聚氧乙烯醚硫酸钠	2	5	8
氢氧化钠	100	200	300
磷酸三钠	60	130	200
硅酸钾	50	110	180
脂肪醇聚氧乙烯醚	10	20	30
松香	20	33	50
冷开水	800	1000	1200

制备方法　将上述物料加入到反应釜中，加热至 90℃，同时搅拌均匀，再保温 2h，然后降温至常温，取出灌入模具凝固成型，即可制得成品。

产品应用　本品主要用于炊具除垢。

产品特性　本除垢剂配方简单，原料易购，除垢效果好，且不伤皮肤，降低了综合成本。

配方 10　瓷砖除垢剂

原料配比

原料	配比（质量份）	原料	配比（质量份）
甲基丙烯酸甲酯	20	N-乙烯基吡咯烷酮	16
二丙烯酸-1,6-己二醇酯	12	苯乙烯	12
苯乙烯	8	过氧化苯甲酰	6
氧化镁	4	过氯乙烯树脂	6
酚醛树脂	6	乙酸乙酯	4
环己酮	2	对苯二酚	4
尿烷丙烯酸酯	6	丙烯酸	3
联苯酰	10		

制备方法　将各组分加入反应器中，混合均匀，减压蒸馏出甲醇和水分，反应 4h 后即成。

产品应用　本品主要用于瓷砖除垢。

产品特性　本除垢剂为网络结构，成膜性能好，清洗效果好。

配方 11　低成本除垢剂

原料配比

原料	配比（质量份）			
	1#	2#	3#	4#
氨基磺酸	6～10	6	8	10
氯化钠	6～8	6	7	8
乙二胺四乙酸二钠	2～4	2	3	4
酸洗缓蚀剂	6～8	6	7	8
魔芋胶	2～4	2	3	4
增稠剂	1～3	1	2	3
甲基纤维素	3～5	3	4	5
氨三乙酸	1～2	1	1.5	2

制备方法

（1）将氨基磺酸、氯化钠、乙二胺四乙酸二钠、魔芋胶、甲基纤维素和氨三乙酸加入适当的水进行混合。

（2）将步骤（1）的混合物加入酸洗缓蚀剂和增稠剂后，均匀搅拌即得除垢剂。

产品特性　该除垢剂原料来源广泛，成本低廉，不伤害人体皮肤，除垢效果显著。

配方 12　地热系统管线除垢剂

原料配比

原料		配比（质量份）		
		1#	2#	3#
金属材料保护剂	硫酸铜粉末	8	—	—
	硫酸锰粉末	—	6	—
	碘化钾粉末	—	—	6
溶菌酶		14	13	13
增效剂	柠檬酸钠	18	—	—
	碳酸锌	—	16	—
	磷酸锌	—	—	16
酸	乙酸	48	55	55

续表

原料		配比(质量份)		
		1#	2#	3#
除菌剂	硫酸银	6	—	—
	硫酸锌	—	5	—
	碳酸银	—	—	5
缓蚀剂	苯并三唑	3	—	3
	十六烷胺	—	3	—
阻垢剂	二氨基单羧酸	3	—	—
	对羟基肉桂酸	—	2	—
	羟基柠檬酸	—	—	2

制备方法 按比例称取各组分，在室温的乙酸中依次加入金属材料保护剂、增效剂、缓蚀剂搅拌 15min 左右，搅拌均匀，静置 2h，加入除菌剂搅拌大概 10min，直到搅拌均匀，再依次加入阻垢剂和溶菌酶，高速搅拌 12min，静置 1h，得到目标产物。

产品应用 本品主要用于地热系统管线除垢。

产品特性 本品通过改进除垢剂的组成成分，在成分的内部增加蛋白质分解酶，能够有效地去除地热管线在使用过程中产生的各种细菌，如大肠杆菌、肉毒杆菌、沙门氏菌、至贺菌等多种致病菌，在制备的过程中考虑到多种蛋白分解酶适合在中性环境下生存，因此最后添加蛋白质分解酶，保证酶有较高的活性；增效剂和阻垢剂互相配合，能够有效地去除地热管线使用过程中产生的污垢，去垢效果显著，阻垢剂能够起到抑制污垢再次聚集的作用；金属材料保护剂能够保护地热管线连接部件处的金属弯管不受腐蚀，具有较好的除垢效果。

配方 13 电脑键盘除垢剂

原料配比

原料	配比(质量份)		
	1#	2#	3#
阴离子聚丙烯酰胺	7	3	4
鲸蜡醇	5	11	6
柠檬提取物	19	11	12
偏硅酸钠	5	7	6
柠檬酸钠	5	3	3
表面活性剂	1.5	3.1	2.1
乳化剂	2.9	1.5	2.6
水	15	23	17
缓蚀剂	3.5	2.9	3.1

制备方法

（1）在洁净的容器中，加入水，边搅拌边加入阴离子聚丙烯酰胺、鲸蜡醇、柠檬提取物、偏硅酸钠、表面活性剂、乳化剂、水、缓蚀剂，混合均匀后过滤。

（2）在过滤液中加入柠檬酸钠，调节 pH 值，混合均匀后静置 24h 以上，装瓶封口即可。

原料介绍

所述表面活性剂为乙二醇醚化合物、聚乙二醇双酸酯、脂肪醇聚氧乙烯醚中的一种或多种。

所述缓蚀剂由有机磷酸类和烷基胺类组成。

所述柠檬提取物的提取方法如下：

（1）将去皮、除籽后的新鲜柠檬榨碎，并分离固相和液相，获得澄清的柠檬液和柠檬肉泥。

（2）将（1）中制得的柠檬液进行冻干处理，制得水溶性物质冻干物；将（1）中获得的柠檬肉泥进行冻干处理，粉碎成粉末，然后用乙酸乙酯在 −6℃ 条件下进行萃取，将萃取后的脂溶性物质去除溶剂，制得脂溶性物质粉末。

（3）将（2）中制得的水溶性物质冻干物和脂溶性物质粉末按照质量比 11∶1 至 8∶1 进行混合，即可。

所述的柠檬液制备方法具体如下：将去皮、除籽后的新鲜柠檬榨碎后，经纱布滤取的液体，再将所述液体离心，其上清液即为所述柠檬液。

产品应用 本品主要用于电脑键盘的除垢。

产品特性 本品的在配方上进行了改进和创新，可有效消除键盘的病菌和污垢，并且不会腐蚀、影响电脑的正常使用，天然环保。

配方 14　电热水壶除垢剂

原料配比

原料	配比（质量份）		
	1#	2#	3#
磷酸三钠	60	130	200
乳酸	40	90	150
苹果酸	20	33	50
酒石酸	10	20	30
明胶	20	36	50
葡萄糖酸钠	20	30	40
蔗糖	5	15	25
柠檬酸	20	50	80
脂肪醇聚氧乙烯醚	10	20	30

制备方法 将上述物料加入到反应釜中，加热至 90℃，同时搅拌均匀，再保

温2h，然后降温至常温，取出灌入模具凝固成型，即可制得成品。

产品应用 本品主要用于电热水壶除垢。

产品特性 本品配方简单，原料易购，除垢效果好，且不伤皮肤。

配方 15 电热水器除垢剂

原料配比

原料	配比（质量份）	原料	配比（质量份）
磷酸二氢钠	45	柠檬酸	5
氟化铵	45	碳酸钠	5

制备方法 将各组分原料混合均匀即可。

产品应用 本品主要用于电热水器除垢。

产品特性 使用效果好，安全环保。

配方 16 电水壶或水瓶内胆的除垢液

原料配比

原料		配比（质量份）				
		1#	2#	3#	4#	5#
酸混合物	乙酸和硼酸混合物（3∶1）	20	50	—	—	—
	乙酸和硼酸混合物（3∶2）	—	—	25	30	—
	乙酸和硼酸混合物（2∶1）	—	—	—	—	45
缓蚀剂	磷酸盐	20	—	35	—	—
	膦羟酸	—	40	—	40	—
	膦酸	—	—	—	—	30
表面活性剂	脂肪酸甘油酯	10	—	12	—	—
	十二烷基苯磺酸钠	—	20	—	15	—
	脂肪酸甘油酯、十二烷基苯磺酸钠	—	—	—	—	10
防锈剂	石油磺酸钡	15	—	7	—	—
	二壬基萘磺酸钡	—	5	—	—	12
	十二烯基丁二酸中一种	—	—	—	10	—
分散剂	水或甘油	0.5	1.5	0.8	1.3	1

制备方法 在酸混合物中缓慢加入防锈剂、表面活性剂，升温到120～150℃，使硼酸完全溶解，然后保温60～120min，再依次加入缓蚀剂、分散剂，均匀搅拌，最后冷却得到用于电水壶或水瓶内胆的除垢液。

产品应用 本品主要用于电水壶或水瓶内胆的除垢。

产品特性 该除垢液无毒，能够快速附着在电水壶或水瓶内胆的内壁表面，并强力溶解污垢，不会损伤水壶，无挥发性，同时该产品还具有杀菌的功效。

配方 17　多功能除垢剂

原料配比

原料	配比(质量份)	
	1#	2#
过碳酸钠	25	20
过碳酰胺	30	25
表面活性剂	2	3
十二烷基硫酸钠	5	7
聚丙二醇	10	14
十二烷基苯磺酸钠	10	15
水	45	50

制备方法　将各组分原料混合均匀即可。

产品应用　本品主要用于各类家用电器和餐具，如豆浆机、电水壶、碗盘等的除垢。

产品特性　本品高效杀菌除异味、快速分解见效快、定期使用防结垢。

配方 18　多功能高效除垢剂

原料配比

原料	配比(质量份)		
	1#	2#	3#
氨基磺酸	25	20	30
过碳酰胺	30	25	35
表面活性剂	2	3	3
十二烷基硫酸钠	5	7	8
聚丙二醇	10	14	16
十二烷基苯磺酸钠	10	15	15
水	45	50	50

制备方法　将各组分原料混合均匀即可。

产品应用　本品主要用于各类家用电器和餐具，如豆浆机、电水壶、碗盘等的除垢。

产品特性　本品可以在较宽的温度范围内稳定持续地释放活性氧，从而增强了本除垢剂的使用便捷性，高效杀菌除异味、快速分解见效快。

配方 19　多功能型除垢剂

原料配比

原料	配比(质量份)		
	1#	2#	3#
氯丁胶乳液	20	32	45
苯并三氮唑	1	5	8
油酸三乙醇胺钠	5	10	15
羟基亚乙基二膦酸	3	8	12
甲基磺酸	30	60	80
N-酰基谷氨酸钠	20	30	45
三聚磷酸钠	15	33	45
去离子水	120	220	300

　　制备方法　将上述物料加入到反应釜中，加热至90℃，同时搅拌均匀，再保温2h，然后降温至常温，取出灌入模具凝固成型，即可制得成品。

　　产品应用　本品主要用于马桶除垢。使用时放入抽水马桶水箱中，3min后，放出蓝色水溶液至厕盆。

　　产品特性　本品具有防结尿垢、杀菌消毒、除臭效果好的特点。

配方 20　粉状多功能除垢剂

原料配比

原料	配比(质量份)		
	1#	2#	3#
十二烷基苯磺酸钠	15	35	55
浓度为50%的氢氟酸	5	10	15
浓度为30%的盐酸	30	55	80
氨基磺酸	80	140	190
硼酸钠	15	28	—
乌洛托品	2	6	10
钨酸钠	5	7	15
重铬酸钠	1	2	5
氟化氢铵	3	6	10

　　制备方法　将上述物料加入到反应釜中，加热至90℃，同时搅拌均匀，再保温2h，然后降温至常温，即可制得成品。

　　产品特性　本品配方简单，原料易购，除垢效果优异，且不伤皮肤，降低了综合成本。

配方 21 高效餐具除垢剂

原料配比

原料		配比（质量份）						
		1#	2#	3#	4#	5#	6#	7#
活性氧提供剂		55	50	60	40	70	55	66
活化剂	四乙酰乙二胺和4-壬酰氧基苯磺酸钠盐的混合物	3	—	—	—	—	—	—
	四乙酰乙二胺、可溶性锰盐、二氧化钛的混合物	—	4	—	—	—	—	—
	四乙酰乙二胺、二氧化锰、可溶性锰盐的混合物	—	—	1	—	—	—	—
	四乙酰乙二胺、4-壬酰氧基苯磺酸钠盐、二氧化锰、可溶性锰盐、二氧化钛的混合物	—	—	—	5	—	—	—
	二氧化锰、可溶性锰盐、二氧化钛的混合物	—	—	—	—	0.1	—	—
	四乙酰乙二胺、二氧化锰、二氧化钛的混合物	—	—	—	—	—	3	—
	四乙酰乙二胺、4-壬酰氧基苯磺酸钠盐、二氧化锰、可溶性锰盐、二氧化钛的混合物	—	—	—	—	—	—	0.9
润湿剂	柠檬酸钠、酒石酸钠、十二烷基苯磺酸钠、十二烷基磺酸钠的混合物	5	—	—	—	—	—	—
	柠檬酸钠、酒石酸钠、十二烷基苯磺酸钠、十二烷基磺酸钠、α-烯基磺酸盐、烷基糖苷、高碳脂肪醇聚氧乙烯醚的混合物	—	1	—	—	10	—	—
	酒石酸钠、十二烷基苯磺酸钠、α-烯基磺酸盐、烷基糖苷的混合物	—	—	8	—	—	—	—
	柠檬酸钠、十二烷基苯磺酸钠、烷基糖苷、高碳脂肪醇聚氧乙烯醚的混合物	—	—	—	0.5	—	—	—
	十二烷基磺酸钠、烷基糖苷、高碳脂肪醇聚氧乙烯醚的混合物	—	—	—	—	—	5	—
	柠檬酸钠、十二烷基苯磺酸钠、α-烯基磺酸盐、高碳脂肪醇聚氧乙烯醚的混合物	—	—	—	—	—	—	0.5
助剂	碳酸钠、硫酸钠、氢氧化钠、硅酸钠的混合物	43	—	—	—	—	—	—
	碳酸钠、硫酸钠、正硅酸钠的混合物	—	56	—	—	—	—	—
	硫酸钠、氢氧化钠、偏硅酸钠的混合物	—	—	37	—	—	—	—
	氢氧化钠、硅酸钠、偏硅酸钠、正硅酸钠的混合物	—	—	—	60	—	—	—
	碳酸钠、硅酸钠、偏硅酸钠、正硅酸钠的混合物	—	—	—	—	30	—	—
	碳酸钠、硫酸钠、氢氧化钠、硅酸钠、偏硅酸钠、正硅酸钠的混合物	—	—	—	—	—	51	—
	碳酸钠、氢氧化钠、硅酸钠的混合物	—	—	—	—	—	—	39
活性氧提供剂	过碳酸钠	48	38	55	30	70	50	50
	过硼酸钠	12	13	8	18	10	20	—
	过碳酰胺	4	15	15	7	10	—	15

制备方法 按所述配比选取原材料并加入混料机中混合均匀后密封备用。

产品应用 本品主要用于餐具除垢。

使用时，取适量的除垢剂加入容器内，并加水溶解（水温为室温～100℃均可），然后将待清洗餐具放入溶液中浸泡10～30min，最后用清水洗净即可。

产品特性 本品的高效除垢剂选用适当的活性氧提供剂和活化剂，可以使活性氧提供剂在25～100℃的温度范围内稳定持续地释放活性氧，远低于普通除垢剂的40℃以上的使用温度，从而增强了本除垢剂的使用便捷性（常温即可使用、无需用热水溶解），并拓展了除垢剂的使用范围；本品的除垢剂不仅能够除垢，还可以消毒、杀菌，因此除垢后的餐具可以不经过消毒杀菌直接使用。

配方 22 膏状除垢剂

原料配比

原料	配比（质量份）		
	1#	2#	3#
水	60	80	70
TX-10	5	1	3
OP-10	5	5	6
聚丙酰胺	5	1	3
羧甲基纤维素钠	5	4	2
硫酸	8	5	7
草酸	5	1.9	2.5
氟氢化铵	7	5	6
香精	1	0.1	0.5

制备方法 把硫酸倒入搅拌器内适量的水中，边倒边搅拌，冷却至室温后，加入草酸搅拌溶解完全，继续搅拌再依次加入TX-10、P-10；另用适量的水溶化聚丙酰胺；另用适量的水溶胀羧甲基纤维素钠；将聚丙酰胺溶液和溶胀的羧甲基纤维素钠加入搅拌器搅拌均匀后，再加入氟氢化铵，最后加入香精，搅拌均匀，终呈黏状膏剂，稀稠度可用加碱水调节，检验、包装，成为膏状除垢剂。

产品应用 本品主要用于生活设施表面除污，是一种膏状除垢剂。

使用时，视污垢墙壁表面大小，污垢轻重，将适量的本产品挤涂在墙面上，用毛刷（或细布）均匀刷抹，遍及边缝，不留空白，等待一定时间（约10min），在局部擦试检查去污除垢效果，达到去污除垢目的后，用抹布擦去，最后用清水冲洗干净。不使用时，密封保存，防止干燥，本品有腐蚀性，防止与人体接触，安全保管。

产品特性 本品能将液体或粉剂去污剂变为膏状，以涂抹方式附着在墙壁表面，不流坠，作用充分均匀，去污除垢消痕效果好，还能加香，改善污浊空间气味。

配方 23　家用除垢剂

原料配比

原料	配比(质量份)		
	1#	2#	3#
尿素	5	18	20
草酸	20	40	60
磷酸	10	20	30
明胶	20	33	50
浓度为20%的盐酸	500	700	800
乙二醛	20	40	60
柠檬酸	20	50	80
六亚乙基四胺	5	20	35

制备方法　将上述物料加入到反应釜中，加热至90℃，同时搅拌均匀，再保温2h，然后降温至常温，取出灌入模具凝固成型，即可制得成品。

产品应用　本品主要用于家庭除垢。

产品特性　本品配方简单，原料易购，除垢效果好，且不伤皮肤，降低了综合成本。

配方 24　家用天然除垢剂

原料配比

原料	配比(质量份)			
	1#	2#	3#	4#
柚子皮	20	30	20	30
陈米	10	15	10	15
乙酸	1	3	1	3
纯净水	适量	适量	适量	适量

制备方法

(1) 将上述质量份的陈米按1:1的比例加纯净水放入打浆机打浆，打浆机每运行1min暂停30s，运行5次后倒出过滤，得到陈米浆备用。

(2) 将上述质量份的乙酸放入步骤(1)中得到的陈米浆并搅拌均匀。

(3) 将上述质量份的柚子皮放入步骤(2)中得到的液体浸泡，并封存24~36h，倒出过滤后得到的液体，即为家用除垢剂。

产品应用　本品主要用于去除家用饮水机或电热水壶水垢。

使用方法：使用时将家用除垢剂倒入饮水机或电热水壶加热煮沸后静置15min，再用水清洗，即可将饮水机或电热水壶的水垢去除。

产品特性 本品使用的乙酸起到软化水垢的作用，陈米浆可以使水垢脱离饮水机或电热水壶内表面，柚子皮有丰富的纤维组织，可以吸附脱离的水垢；使用本品清洗水垢，可以彻底清洗家用饮水机的水垢，并且制备简易，使用安全无残留。

配方 25 家用淘米水除垢剂

原料配比

原料		配比（质量份）		
		1#	2#	3#
大米淘米水		20	30	25
柠檬酸		8	10	9
氨基磺酸		8	10	9
马来酸		5	8	7
整形化合物剂	过氧化氢	5	8	7
增效剂	三甲氧苄氨嘧啶	3	5	4
蛋白质分解剂	木瓜酵素	3	5	4
防锈剂	三乙醇胺	1	3	2
金属缓蚀剂	葡萄糖酸钠、维生素C	1	3	2
芒硝		1	3	2
橡椀栲胶		3	8	6
香料		3	5	4
水		25	35	30

制备方法 将各组分原料混合均匀即可。

产品应用 本品主要用于家用设备除垢。

产品特性 本品采用淘米水为除垢剂的主要原料，利用淘米水天然去污剂的能力可以有效去除家用设备上的油垢、水垢，且淘米水来源简单、纯天然、无污染、不会有残留、也不会损害设备、节省成本，具有很高的性价比。

配方 26 家用洗涤除垢剂

原料配比

原料	配比（质量份）	原料	配比（质量份）
过碳酸钠	24	四乙酰乙二胺	5
柠檬酸	10	氢氧化钾	8
磷酸	40	氢氧化钠	5
氟化铵	10	苯丙酸钠	5
二氯化锡	10	三聚磷酸钠	6
羟甲基纤维素	2		

制备方法　将各组分加入反应器中，混合均匀后即成。

产品应用　本品主要应用于织物、垃圾桶、废物桶、鱼缸、地板等物体表面，能有效去除各类污垢。

产品特性　本品工艺简单，使用方便。

配方 27　家用型清洗除垢剂

原料配比

原料	配比（质量份）		
	1#	2#	3#
浓度为10%的盐酸	50	80	120
柠檬酸	10	19	25
磷酸	10	25	40
氟化铵	2	7	12
二氯化锡	3	8	13
硅油	10	17	25
十二烷基苯磺酸钾	2	6	10
氨基磺酸	5	15	25
六亚乙基四胺	5	20	35

制备方法　将上述物料加入到反应釜中，加热至90℃，同时搅拌均匀，再保温2h，然后降温至常温，取出灌入模具凝固成型，即可制得成品。

产品应用　本品主要用于家庭清洗除垢。

产品特性　本品配方简单，原料易购，除垢效果优异，且不伤皮肤，综合成本低。

配方 28　具有除臭功能的厕所用除垢剂

原料配比

原料	配比（质量份）		
	1#	2#	3#
磷酸三钠	5	2	7
硅油	3	2	4
聚丙烯酸钠	1.5	1	2
硝酸钠	2	1	3
芒硝	12	10	15
草酸	2	1	3
柠檬酸	3	2	5

续表

原料	配比(质量份)		
	1#	2#	3#
香精	3	1	5
水	20	10	30
氨基磺酸	10	5	15
硅酸钠	4	2	5
无水硫酸钠	25	20	30
聚乙二醇	15	10	20

制备方法

(1) 将水、磷酸三钠与聚丙烯酸钠在常温下均匀混合，静置10～20min。

(2) 依次加入硝酸钠、芒硝、硅酸钠和无水硫酸钠，加热至溶解；所述的加热为加热至60～80℃。

(3) 降温至20～30℃，加入硅油、草酸、柠檬酸、香精、氨基磺酸和聚乙二醇混合均匀。

产品应用　本品是一种具有除臭功能的厕所用除垢剂。

产品特性

(1) 除垢速度快，并且没有强烈的刺激性气味，除垢之后保持清洁效果时间长。

(2) 除垢能力强，并且还保持有一定香味。

(3) 制备方法简单易行。

(4) 本品能够在马桶表面形成保护膜，有效防止结垢；阻垢能力强，延长马桶的清洗周期，并且能够防止细菌滋生。

配方 29　铝壶除垢剂

原料配比

原料	配比(质量份)		
	1#	2#	3#
硝酸	20	45	70
烷基醇酰胺磷酸酯	10	18	25
氟化铵	1	5	9
十二烷基苯磺酸钾	5	13	22
氨基磺酸	15	30	45
纤维素	3	9	15

制备方法　将上述物料加入到反应釜中，加热至90℃，同时搅拌均匀，再保温2h，然后降温至常温，取出灌入模具凝固成型，即可制得成品。

产品应用　本品主要用于铝壶除垢。

产品特性 本品配方简单，原料易购，除垢效果好且不伤皮肤。

配方 30　去污除垢剂

原料配比

原料	配比(质量份)		
	1#	2#	3#
烷基醇酰胺磷酸酯	10	18	25
N-酰基谷氨酸钠	5	12	20
十二烷基硫酸钠	5	10	15
十二烷基苯磺酸钠	15	17	30
脂肪醇醚硫酸钠	5	13	20
硫酸钾	2	7	12
聚磷酸钾	5	8	12
氯化钠	2	5	8
聚醚醇	5	16	30

制备方法 将上述物料加入到反应釜中，加热至90℃，同时搅拌均匀，再保温2h，然后降温至常温，取出灌入模具凝固成型，即可制得成品。

产品应用 本品主要用于去污除垢。

产品特性 本品配方简单，原料易购，除垢效果好且不伤皮肤，综合成本低。

配方 31　燃气热水器除垢剂

原料配比

原料	配比(质量份)		
	1#	2#	3#
水	70	90	80
2-巯基苯并噻唑	10	20	15
盐酸	40	60	50
脂肪醇聚乙烯醚硫酸钠	8	19	15
硅油	1	2	3

制备方法 将各组分原料混合均匀即可。

产品应用 本品主要用于燃气热水器除垢，同时可用于电热淋浴器、热水瓶、电熨斗等设备清洗除垢，也用于机关单位、宾馆、酒店、招待所广泛使用的电热水器除垢。

使用方法：将除垢剂溶解于500～800mL水中，用清洗液充满加热管，浸泡0.5～1h后排去，用清水冲洗2遍即可。

产品特性　本产品除垢彻底，迅速溶解热水器加热管内（燃气）和管外（电热）金属表面上结生的水垢，使加热管保持洁净、畅通。清洗安全：有效保护加热管，清洗剂对热水器无腐蚀损伤。不伤皮肤安全可靠：性能温和，不伤皮肤；无毒无害，不影响人体健康。

配方 32　热水器专用除垢剂

原料配比

原料		配比（质量份）								
		1#	2#	3#	4#	5#	6#	7#	8#	9#
酸类除垢成分	柠檬酸	80	—	—	—	—	55	—	—	—
	氨基磺酸	—	—	—	—	40	—	33	—	—
	酒石酸	—	93	—	—	—	—	—	50	—
	苹果酸	—	—	—	—	—	—	—	28	31
	乙二胺四乙酸	—	—	—	—	50	—	—	—	—
	马来酸	—	—	85	—	—	40	—	—	—
	三氯乙酸	—	—	—	87	—	—	40	—	60
黏结剂	偏硅酸钠	2	—	—	—	—	2	2	2	—
	高分子水溶性胶粉	—	—	2	4	—	—	—	2	—
	羧甲基纤维素钠	—	3	—	—	2	—	5	—	—
	黏结性聚乙烯醇	3	—	—	2	1	—	—	—	2
金属离子螯合剂以及固化剂	焦磷酸钠	—	3	6	—	5	2	—	4	2
	乙二胺四乙酸二钠盐	12	—	3	4	—	—	18	10	4
缓蚀剂	二烷基苯磺酸钠	—	—	4	1	2	—	1	—	1
	乌洛托品	3	1	—	2	—	1	1	4	—

制备方法　将各组分原料混合均匀即可。

产品应用　本品专用于热水器除垢。

产品特性　本产品具有对金属腐蚀较小、除垢能力较强的优点，另外，本产品可将除垢剂做成一定的形状，其尺寸符合热水器排污口的尺寸，通过排污口直接将除垢剂加到热水器里，克服了粉末状或液体难加料的问题，使用起来方便快捷，操作简单。

配方 33　热水器酸性除垢剂

原料配比

原料	配比（质量份）		
	1#	2#	3#
乙酸	6	7	5

原料	配比(质量份)		
	1#	2#	3#
浓盐酸	1.5	1	2
硼酸	4	5	3
椰子油脂肪酸二乙醇酰胺	9	8	10
脂肪醇聚氧乙烯醚	6	7	5
烷基酚聚氧乙烯醚	4	3	5
缓蚀阻垢剂葡萄糖酸钠	0.5	0.8	0.3
阿拉伯树胶	3	2	4
水	66	66.2	65.7

制备方法 将浓盐酸用水稀释，加入乙酸与硼酸，搅拌至完全溶解，加入椰子油脂肪酸二乙醇酰胺、脂肪醇聚氧乙烯醚、烷基酚聚氧乙烯醚、缓蚀阻垢剂、阿拉伯树胶，搅拌均匀，即得。所述的搅拌速度为90～100r/min。

产品应用 本品主要用于热水器除垢。

产品特性

(1) 该除垢剂为酸性混合物，能够快速溶解水垢，节约能源，而且具有良好的防腐蚀和抗生锈功效。

(2) 本品具有较好的抗菌效果，使用后对金黄色葡萄球菌的杀菌率达到了99.8%以上，对大肠杆菌杀菌率达到了100%，对白色念珠菌杀菌率达到了92%以上。

(3) 本品对人体无毒无害、对设备腐蚀性小，能够快速溶解水垢，节约能源，而且具有良好的防腐蚀和抗生锈功效。

配方 34　热水器除垢剂

原料配比

原料	配比(质量份)				
	1#	2#	3#	4#	5#
酸性除垢成分	90	84	78	70	65
复合缓蚀剂	1	2	3	4	5
渗透剂	1	2	3	4	5
消泡剂	1	2	3	4	5
金属螯合剂	6	8	10	14	15
防锈剂	1	2	3	4	5

制备方法 将各组分原料混合均匀即可。

原料介绍

所述的酸性除垢成分为柠檬酸、草酸、磷酸、乙酸中的任意一种或一种以上物质的混合物。

所述的复合缓蚀剂为牛脂胺、十六烷胺、十八烷胺中的任意一种或一种以上物质与聚羧酸盐混合的混合物。

所述的渗透剂为脂肪醇聚氧乙烯醚。

所述的消泡剂为甲基硅油和聚丙烯酸酯中的任意一种或一种以上物质的混合物。

所述的金属螯合剂为焦磷酸盐和乙二胺四乙酸钠盐中的任意一种或一种以上物质的混合物。

所述的防锈剂为咪唑啉盐类、磷酸酯中的任意一种或一种以上物质的混合物。

产品应用 本品主要用于热水器除垢。

产品特性

(1) 本品采用甲基硅油和聚丙烯酸酯作为消泡剂，具有优良的消泡性能，有效抑制泡沫的生成，避免因泡沫过多影响清洁效果。

(2) 本品采用有机胺类与聚羧酸盐相混合作为缓蚀剂，具有高效的缓蚀效果。

(3) 本品中添加了渗透剂，使得酸性除垢成分发挥更有效的去污能力。

(4) 本品中添加了防锈剂，有效地保护金属。

(5) 本品能高效率去除水垢，且有效保护金属避免生锈、腐蚀。

配方 35　杀菌消毒除垢剂

原料配比

原料	配比（质量份）		
	1#	2#	3#
马来酸-丙烯酸共聚物	5	15	20
氯化钠	10	15	25
甲酚	2	7	10
苯乙烯基苯基聚氧乙烯醚	10	33	55
烷基苯磺酸钠	30	55	80
酸性湖蓝	15	28	35
三聚磷酸钠	8	18	22
三乙醇胺	5	14	20

制备方法 将上述物料加入到反应釜中，加热至 $90℃$，同时搅拌均匀，再保温 2h，然后降温至常温，取出灌入模具凝固成型，即可制得成品。

产品应用 本品主要用于抽水马桶的杀菌、消毒、除垢。

产品特性 本品具有防结尿垢、杀菌消毒、除臭效果好、综合成本低的特点。

配方 36 食品级除垢剂

原料配比

原料	配比(质量份)	原料	配比(质量份)
水	65	植物脂肪酸	11
食用纯碱	35	食品级香精(柠檬香精)	3
食品级浓缩柠檬酸	10	蔗糖酯	20

制备方法

(1) 按上述各组分质量份准备各项原材料。

(2) 将反应釜清洗干净,并且进行消毒后,向反应釜中加入水,并进行加热,温度控制在 40~50℃,加入食用纯碱,搅拌至其完全溶解。

(3) 在搅拌的情况下,加入食品级浓缩柠檬酸、植物脂肪酸,搅拌至完全溶解。

(4) 停止加热,并开始降温至 30℃±5℃,加入食品级香精,搅拌 15min。

(5) 加入提前预溶解好的蔗糖酯。

(6) 半成品进行陈化处理。

(7) 抽样检测、成品包装。

产品应用 本品主要用于热胆内壁、饮水机、电热水壶、加热器等容易产生水垢的器具的除垢。

产品特性 本品涉及的食品级除垢剂选用百分百纯天然柠檬酸,天然环保,对水垢有独特的分解能力,方便快捷,无需用力擦拭,边角也能清洗干净;只需少量进行稀释,就能彻底清洁,同时带有杀菌消毒作用;无异味、无残留。

配方 37 水垢除垢剂

原料配比

原料	配比(质量份)	原料	配比(质量份)
乙酸	20	柠檬酸	15
草酸	15	水	20
甲基磺酸	30		

制备方法 将各组分原料混合均匀即可。

产品应用 本品用于家庭水垢除垢。

产品特性 使用效果好,安全环保。

配方 38　水垢油污除垢剂

原料配比

原料	配比(质量份)		
	1#	2#	3#
苯乙烯基苯基聚氧乙烯醚	10	33	55
三乙醇胺	5	15	20
工业香料	5	11	15
乙二醛	5	7	10
石蜡	10	18	25
氯丁胶乳液	20	32	45
滑石粉	5	10	15

制备方法　将上述物料加入到反应釜中，加热至90℃，同时搅拌均匀，再保温2h，然后降温至常温，取出灌入模具凝固成型，即可制得成品。

产品应用　本品主要用于马桶除水垢、油污。

产品特性　本品具有防结尿垢、杀菌消毒、除臭效果好、综合成本低的特点。

配方 39　水壶用天然除垢剂

原料配比

原料	配比(质量份)		
	1#	2#	3#
山芋	4	5.5	7
山楂	6	8	10
米醋	5	6.5	8
中和剂	9	11	13
柠檬酸	6	7	8
精盐	3	4	5
增效剂	4	5.5	7

制备方法

(1) 按配比称取原料，机械粉碎后混合并搅拌均匀。

(2) 将步骤(1)的混合物用乙醇为溶剂，采用索氏提取法，温度为40℃，时间为30h，保留所得溶液。

(3) 取溶液在60℃下减压蒸馏，所得滤液进行湿热灭菌25min。再加入增效剂并搅拌均匀，即得除垢剂，应用时需与中和剂配套。

原料介绍

所述的中和剂是氨基乙酸和无水碳酸钠的混合物，氨基乙酸：无水碳酸钠=1：4。

所述的增效剂是有机膨润土或硅藻土。

产品应用 本品用于水壶除垢。

产品特性 本品去垢能力强，用时短，且不会对容器造成任何腐蚀性损害，可随清洗液排出，无异味无残留。

配方 40　水箱用除垢剂

原料配比

原料	配比（质量份）	原料	配比（质量份）
表面活性剂谷氨酸钠	24	抗再沉积剂羧甲基淀粉	30～35
缓蚀剂亚硝酸钠	10～17	硅酸铝纤维	11～23
渗透剂脂肪醇聚氧乙烯醚	8～10	乙醇	20～40
水溶助长剂磷酸钠	10～16		

制备方法 将各组分原料混合均匀即可。

产品应用 本品主要用于水箱除垢。

产品特性 本品除垢效果优秀，且原料成本低廉，易于推广。

配方 41　卫生间除垢清洗粉

原料配比

原料	配比（质量份）	原料	配比（质量份）
酸式硫酸盐	40	油酸酰胺	3
亚硝酸钠	15	脂肪醇聚氧乙烯醚	4
烷基苯磺酸钠	5	脂肪酸钠	2
草酸	3	三聚磷酸钠	4
仲烷基磺酸钠	6		

制备方法 将各组分加入反应器中，混合均匀后即成。

产品应用 本品主要用于清洗卫生间设施、瓷砖、地面、便池、马桶等设备的表面污物。

产品特性 本品去污效果好，清洗效果佳，固态产品便于运输，生产工艺简单，成本低廉。

配方 42　无刺激除垢剂

原料配比

原料	配比（质量份）		
	1#	2#	3#
月桂基醚硫酸钠	15	22	16

原料	配比（质量份）		
	1#	2#	3#
乙醇	2	6	4
橄榄油	12	18	14
十二烷基硫酸钠	2	9	3
滑石粉	6	12	9
甲基纤维素	5	9	6
甘油	30	50	40
氯化钠	6	12	11
无机凝胶	3	9	5
氢氧化钠	2	14	11
去离子水	适量	适量	适量

制备方法

（1）取月桂基醚硫酸钠、乙醇、橄榄油、十二烷基硫酸钠、滑石粉、甲基纤维素和甘油搅拌均匀，加入足够量的去离子水溶解，过滤，得到小分子物质。

（2）将得到的小分子物质中加入氯化钠、无机凝胶和氢氧化钠，加热反应20～30min。

（3）倒入上述物质质量65倍的去离子水，静置沉淀，滤渣。

（4）上清液包装。

产品特性　本制作方法采用的过滤静置的方法，使得具有去污能力的小分子物质在材料中得到溶液分散，去污效果更好，并且使用的物质有清香气味、无毒无害。

配方 43　饮水机除垢剂

原料配比

原料	配比（质量份）		
	1#	2#	3#
羟基亚乙基二膦酸	15	30	45
栲胶	5	10	15
三乙醇胺	3	8	14
硫化蓖麻油	2	5	8
草酸	30	55	80
柠檬酸	20	45	70
小苏打	20	30	40
去离子水	200	300	400

制备方法 将上述物料加入到反应釜中，加热至 90℃，同时搅拌均匀，再保温 2h，然后降温至常温，取出灌入模具凝固成型，即可制得成品。

产品应用 本品主要用于饮水机除垢。

产品特性 本品配方简单，原料易购，除垢效果优异且不伤皮肤，降低了综合成本。

配方 44　饮水机加热腔清洗除垢剂

原料配比

原料	配比(质量份)			
	1#	2#	3#	4#
水	90	90	80	80
小苏打	20	15	20	10
柠檬酸	20	15	10	10
磷酸二氢钠	10	8	10	5
氨基磺酸	10	8	5	5
氯化钾	5	3	5	2

制备方法 将各组分原料混合均匀即可。

产品应用 本品主要用于饮水设备加热腔的清洗除垢。可用于多种金属材质和塑料材质的饮水机、茶炉、电开水器、热水瓶、水壶等设备。

产品特性

（1）除垢效果好、溶解水垢速度快、洗净率高、性能稳定。

（2）对饮水机无腐蚀，不损伤零部件，不影响密封性。

（3）安全，无毒，并具有一定的杀菌作用，原料试剂对人体健康基本无影响。

（4）操作简单，在常温下即可使用，饮水机清洗后再用清水冲洗一次即可恢复使用。

（5）适用范围广。

配方 45　饮水机用除垢剂

原料配比

原料	配比(质量份)		
	1#	2#	3#
乙二醇	5	8	6.5
苯甲酸钠	1.5	3.2	2.4
磷酸二氢钠	6	10	8
小苏打	3	7	5

续表

原料	配比（质量份）		
	1#	2#	3#
氯化钾	1.2	3	2.5
渗透剂	0.6	1.4	1
三乙醇胺	0.5	1.1	0.8
乙醇	0.4	0.9	0.6
脂肪酸二乙醇胺	1.4	3.2	2.6
水	25	25	25

制备方法 将各组分原料混合均匀即可。

产品应用 本品主要用作饮水机除垢。

产品特性 本产品能够对饮水机内的锈垢进行快速清洗，清洗效果好，且不会对设备产生腐蚀，不会影响水质。

配方 46 除垢剂

原料配比

原料		配比（质量份）	
		1#	2#
非离子表面活性剂	脂肪醇聚氧乙烯(15)醚	3	4.5
	椰子油脂肪酸二乙醇酰胺(1∶1)	1.5	0.5
阴离子表面活性剂	油酸三乙醇胺盐	8	5
	N-酰基谷氨酸盐	—	2
两性表面活性剂	月桂基两性丙基磺酸盐	1.5	1
苯并三氮唑		0.2	1
羟基亚乙基二膦酸		1.5	1
甲基磺酸		45	38
硫脲		0.2	—
去离子水		39.1	47

制备方法

（1）依次加入计量好的去离子水、非离子表面活性剂、阴离子表面活性剂、两性表面活性剂、甲基磺酸、缓蚀剂、羟基亚乙基二膦酸，常温搅拌，直至物料完全溶解。

（2）用300目滤网过滤包装。

产品应用 本品主要用于水垢、油垢、茶垢、尿垢、锈垢、尘垢的清洁除污，可去除塑料、金属、不锈钢、瓷具等硬表面的顽垢，对人体无害，可恢复器具表面光洁。

产品特性

（1）本产品为酸性和表面活性剂的复配物，能够有效地清除硬表面上水垢、油垢、茶垢、尿垢、锈垢、尘垢等顽垢。所选用的非离子表面活性剂脂肪醇聚氧乙烯（15）醚、椰子油脂肪酸二乙醇酰胺（1∶1），阴离子表面活性剂 N-酰基谷氨酸盐、油酸三乙醇胺盐，两性表面活性剂月桂基两性丙基磺酸盐，在具有润湿、乳化、渗透、清洁等功效的同时，还具有缓蚀、防锈能力。

（2）本产品加入了酸性缓蚀剂苯并三氮唑、硫脲，防垢阻垢剂羟基亚乙基二膦酸大大降低了酸性体系对瓷器、不锈钢、金属表面的腐蚀，有利于保护器具硬表面，可令被清洁表面光洁如新。

（3）本品加入了甲基磺酸，它是一种强的有机酸，具有以下突出优点：无气味，无氧化性，盐溶解能力强，热稳定性好，生物降解，容易操作等。

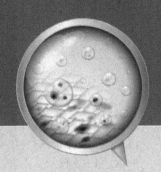

二、工业除垢剂

配方 1　安全性水箱除垢剂

原料配比

原料		配比（质量份）		
		1#	2#	3#
组分 A	软脂酸	0.03	0.035	0.028
	葡萄糖酸钠	1.3	1.28	1.3
	柠檬酸	5.65	6	5.5
	木质酸纤维素	2.32	2.4	2.3
	聚乙二醇 400 双油酸酯	16	18	17
	三乙醇胺	7	6.5	6.8
	三乙醇胺盐酸盐	1.6	2.2	2.4
组分 B	生姜汁	15	15	15
	苦参	3.2	4	4
	桃仁	9	9	8.8
	榴莲壳	40	35	46

制备方法　将各组分原料混合均匀即可。

所述组分 B 使用以下方法制备：

（1）将榴莲壳破碎成粒径不大于 0.5cm 的榴莲壳末。

（2）将榴莲壳末、苦参、桃仁混合后文火煎煮 1～2h，过滤，得滤液。

（3）将步骤（2）得到的滤液与生姜汁混合，浓缩至 25℃ 下相对密度为 1.36～1.38，得到组分 B。

产品应用　本品主要用于水箱除垢。

使用方法：在对不锈钢水箱进行除垢处理时，将组分 A 加入组分 A 质量 50 倍的纯净水中，搅拌混合均匀，得到组分 A 溶液。将组分 A 溶液加热至 45℃，放入水箱中对水垢进行浸泡，浸泡时间为 2h，然后使用组分 A 溶液以 1m/s 的速度冲刷水箱，冲洗 30min，将组分 A 溶液倒出，使用清水冲洗 2min。然后将组分 B 加入其质量 30 倍的水中搅拌使其混合均匀，得到组分 B 溶液。将使用组分 A 溶液处理过的水箱在处理后的 20min 内，使用组分 B 溶液浸泡，浸泡时间 1h，然后使用清水冲洗。

产品特性 本品是组分 A 与组分 B 混合使用，组分 A 使用有机酸及无机盐复配制成，针对不溶性镁盐、钙盐及铁盐进行处理，处理效果好，除垢速度快，基本上不会对水箱产生腐蚀性，组分 B 使用植物性成分制备，不仅可以进一步清理组分 A 处理后剩余的极少量水垢，而且处理后，使水箱中残存的组分 A 更易清除，并且不会引入污染物，还能够杀灭水箱中的常见病菌，提升水箱使用的安全性。

配方 2 钡锶钙除垢剂

原料配比

原料		配比（质量份）						
		1#	2#	3#	4#	5#	6#	7#
金属螯合剂	乙二胺四乙酸钠盐（EDTA-Na）	30	—	—	20	10	—	—
	氨基三乙酸	—	20	—	—	—	—	10
	二乙烯三胺五乙酸钠盐（DTPA-Na）	—	—	25	—	10	20	—
	聚丙烯酸钠	—	—	—	15	—	10	—
	有机多元磷酸盐	—	—	—	—	—	—	15
增溶剂		20	10	15	15	20	12	10
增溶剂	OP-4	1	—	—	2	—	—	—
	OP-15	1	—	1	—	—	—	1
	OP-40	2	—	—	—	1	—	1
	OP-9	—	1	1	—	1	—	—
	OP-13	—	1	—	—	—	1	—
	OP-30	—	2	—	—	—	1	—
	OP-20	—	—	—	1	—	—	—
分散剂		3	0.8	0.5	3	2	1	5
分散剂	聚乙烯蜡	7	—	—	—	—	—	1
	氧化聚乙烯蜡	3	—	—	—	—	—	—
	硬脂酰胺	—	0.8	—	—	—	—	—
	硬脂酸单甘油酯	—	—	2	—	—	—	—
	三硬脂酸甘油酯	—	—	1	—	—	—	—
	硬脂酸钡	—	—	—	3	—	—	—
	分子量为 4000 的聚乙二醇	—	—	—	—	2	—	—
	己烯基双硬脂酰胺	—	—	—	—	—	1	—
	分子量为 2000 的聚乙二醇	—	—	—	—	—	—	1

原料	配比（质量份）						
	1#	2#	3#	4#	5#	6#	7#
氢氧化钾	7	10	12.5	5	8	12	10
去离子水	40	59.2	47	42	50	45	50

制备方法 先将配方量的去离子水、金属螯合剂、氢氧化钾加入到反应设备中搅拌均匀，在50～60℃温度下反应1～2h，然后加入配方量的增溶剂和分散剂，并搅拌均匀，冷却至室温，得淡黄色透明液体即为所述钡锶钙除垢剂。

产品应用 本品主要用于石油行业中硫酸钡、硫酸锶、硫酸钙等无机复合垢的去除。

产品特性

（1）本品制备方法简便可行，所用原料来源广泛，合成成本低。

（2）本品除垢性能良好，能够有效清除硫酸钡、硫酸锶、硫酸钙等无机复合垢，具有除垢效率高、对自然环境无伤害、使用安全、对设备无腐蚀等优点。

配方 3 钡锶垢除垢剂

原料配比

原料		配比（质量份）				
		1#	2#	3#	4#	5#
盐酸		12	10	15	13	12
氢氟酸		3	2	5	4	3
螯合剂二乙烯三胺五乙酸		3	2	5	4	3
防垢剂多氨基多醚基亚甲基磷酸		3	2	5	4	3
缓蚀剂		0.5	0.5	1	0.7	0.8
表面活性剂	C_{12}脂肪醇聚氧乙烯聚氧丙烯醚	—	0.5	—	0.7	—
	C_{14}脂肪醇聚氧乙烯聚氧丙烯醚	0.5	—	1	—	0.8
增效剂	草酸	0.1	0.1	0.3	0.2	0.2
调节剂	固态氢氧化钠	0.2	0.2	0.4	0.3	0.4
水		加至100	加至100	加至100	加至100	加至100
缓蚀剂	乙醇	6	6	6	6	6
	聚环氧琥珀酸	2	2	2	2	2
	二乙烯三胺	2	2	2	2	2
	环己酮	4	4	4	4	4
	辛炔醇	1	1	1	1	1

制备方法 依次取配方量的盐酸、氢氟酸、螯合剂、防垢剂、缓蚀剂、表面活性剂、增效剂及水，置于混合器中，搅拌升温至60～70℃，加入配方量的固态氢

氧化钠，调节溶液 pH 值到 7～8，即得所述除垢剂。

产品应用 本品主要用于油田钡锶垢除垢。

产品特性

（1）本品所述除垢剂与注入水之间具有较好的配伍性。

（2）本品所述除垢剂螯合金属离子和分散能力强。

（3）本品所述除垢剂对钡锶垢具有较好的溶解能力。

（4）本品所述除垢剂对管柱无腐蚀，不会产生二次沉淀。

（5）本品所述除垢剂耐温性好、寿命长，可长期保存使用。

（6）本品所述除垢剂可以直接通过井口加药装置投加，随注入水进入管柱和储层，能有效去除管柱和地层孔隙孔道内的结垢物质。

（7）本品的除垢剂原料来源广泛，价格低廉，除垢剂性能稳定，耐温性好、寿命长，可长期保存使用，溶垢能力强，为油田酸液难溶垢处理方面提供了一种新的方法，在水井降压增注方面具有较好的应用前景。

配方 4 　波纹管用除垢清洗剂

原料配比

原料		配比（质量份）			
		1#	2#	3#	4#
草酸		3	4	4	5
柠檬酸		1	2	3	4
羟基亚乙基二膦酸		0.8	1.1	1.3	1.5
月桂醇聚氧乙烯醚		0.6	0.8	1.2	1.4
三聚磷酸钠		0.5	0.7	0.9	1.2
腐植酸钠		0.5	0.7	0.7	1
蔗糖脂肪酸酯		0.4	0.6	0.6	1
烷基糖苷	十二烷基糖苷	1	1.3	1.5	2
增稠剂		0.5	0.7	0.7	1.3
金属螯合剂	乙二胺四乙酸二钠和二乙基三胺五乙酸等质量比的混合物	0.4	0.5	0.6	0.9
渗透剂	氮酮	0.2	0.4	0.4	0.7
水		20	25	30	40
增稠剂	甲基纤维素	1	1	1	1
	乙基纤维素	1	1	1	1
	麦芽糊精	0.5	0.5	0.5	0.5

制备方法

（1）将草酸、柠檬酸、羟基亚乙基二膦酸、三聚磷酸钠和腐植酸钠加至水中，升温至 40℃ 保温 30～60min，放冷至 25℃，得到混合物一。

（2）在搅拌条件下将月桂醇聚氧乙烯醚、蔗糖脂肪酸酯、烷基糖苷加至混合物一中，继续搅拌至完全溶解，得到混合物二。

（3）在搅拌条件下将增稠剂、金属螯合剂和渗透剂加至混合物二中，超声分散，即得。

产品应用 本品主要用于波纹管除垢。

产品特性 本品能够有效去除波纹管在使用过程中产生的各类污垢，采用草酸和柠檬酸可以避免强酸对管道的腐蚀和除垢剂组分的效力；月桂醇聚氧乙烯醚、蔗糖脂肪酸酯和烷基糖苷的配合，可以长期有效地去除管壁积存的厚垢；渗透剂的加入可以进一步增强有效除垢成分的效力；羟基亚乙基二膦酸、金属螯合剂和腐植酸钠的协同作用，能够在去除水垢的同时进一步抑制污垢的再次形成。

配方 5 不锈钢除垢剂

原料配比

原料		配比（质量份）		
		1#	2#	3#
盐酸	质量分数为35%	80	—	—
	质量分数为30%	—	60	—
	质量分数为40%	—	—	100
胆甾烷醇		55	40	70
高锰酸钾		90	70	110
角鲨烷		35	20	50
磷脂	大豆磷脂	55	—	75
	蛋黄磷脂	—	35	—
硫酸软骨素钠		65	50	80
二硫化四甲基秋兰姆		35	10	60
表面活性剂		7	4	10
表面活性剂	烷基二甲基磺乙基甜菜碱	1	—	—
	六亚甲基四胺	1	—	1
	十二烷基氨基丙酸钠	—	1	1
	羧酸盐型咪唑啉	—	1	1

制备方法 将盐酸、胆甾烷醇、高锰酸钾、角鲨烷混合加热至 $40\sim60℃$，加入表面活性剂，混合均匀，然后加入磷脂、硫酸软骨素钠、二硫化四甲基秋兰姆混合均匀，即可。

产品应用 本品主要用于不锈钢除垢。

产品特性 本品对锈垢清除能力高，达到 98% 以上，而不加硫酸软骨素钠的除垢剂清除不锈钢锈垢的清除率仅 90.6%，说明本品中的硫酸软骨素钠可以明显提高对锈垢的清除能力。

配方 6　除垢防垢剂

原料配比

原料	配比(质量份)						
	1#	2#	3#	4#	5#	6#	7#
碳酸钠	70	50	62	70	50	65	62
焦磷酸钠	20	25	24	20	25	21	23
栲胶	60	45	52	60	45	53	51
硫酸钠	15	30	23	15	30	24	26
磷酸三钠	16	8	11	16	8	13	11
葡萄糖酸钠	3	8	6	3	8	5	6
淀粉	12	7	10	12	7	10	9
磺化腐植酸钠	—	—	—	20	30	21	26
六偏磷酸钠	—	—	—	10	5	8	7

制备方法　将各组分原料混合均匀即可。

原料介绍　所述栲胶为橡椀栲胶。所述淀粉为预糊化淀粉。

产品应用　本品主要用于热水锅炉、蒸汽锅炉、热电联产、一次网直供、二次网换热站转换系统；特别是高硬度、高碱度、钙镁盐离子较高的水质。

除垢防垢剂使用方法包括：

（1）将除垢防垢剂与水按照质量比1：0.5～1.2的比例配制成浓缩液待用；水为4～10℃的水。

（2）将（1）中制得的浓缩液加入待除垢/防垢的设备中。

（3）监测（2）中设备正常运行时设备内部的pH值，通过添加所述浓缩液或者水的方式使所述pH值保持在恰当数值；所述恰当数值在除垢时为11～12，在防垢时为9～10。

产品特性

（1）本品运行中不伤管、不堵管、停炉保护管壁，除氧防腐蚀。

（2）本品去垢能力强，效果显著，解决了酸洗伤蚀设备的问题。

配方 7　除垢缓蚀剂

原料配比

原料	配比(质量份)		
	1#	2#	3#
咪唑啉	25	20	25
六亚甲基四胺	15	20	20

续表

原料	配比(质量份)		
	1#	2#	3#
氨水	3	5	5
乙二胺四亚甲基膦酸钠	10	10	15
乙醇	15	9	10
氨基三亚甲基膦酸五钠	10	10	12
水	22	26	13

制备方法

(1) 按照质量比,称取咪唑啉和乙醇搅拌至混合均匀。

(2) 按照质量比,在步骤 (1) 混合液内加入六亚甲基四胺、氨水、乙二胺四亚甲基膦酸钠和氨基三亚甲基膦酸五钠继续搅拌直至完全混合均匀,得到除垢缓蚀剂。在常温下继续搅拌 90min。

产品应用 本品主要用于高炉煤气余压透平发电设备。

产品特性 本品能够有效解决喷头堵塞、叶片结垢腐蚀问题。

配方 8 除垢中性清洁剂

原料配比

原料		配比(质量份)			
		1#	2#	3#	4#
碳酸钠		11	19	15	16
分散剂	六偏磷酸钠	4	—	5	—
	焦磷酸钠	—	7	—	6
非离子表面活性剂	壬基酚聚氧乙烯醚	5	10	8	6
消泡剂	聚二甲基硅氧烷	0.1	0.5	0.3	—
乳化硅油		—	—	—	0.2
可分散性纳米二氧化硅		1	2	2	1.5
软化剂		2	4	3	3.5
蒸馏水		50	65	53	60

制备方法

(1) 将碳酸钠、分散剂、可分散性纳米二氧化硅、软化剂按质量份加入到蒸馏水中,在 90~95℃充分溶解,冷却至 35~40℃时,加入 pH 值调节剂调节 pH 值为 7。

(2) 水浴加热至 75~85℃,缓慢加入非离子表面活性剂、消泡剂不断搅拌溶解,室温冷却,再加入防腐剂、抗氧化剂、香料和颜料,即得所述除垢中性清洁剂。

产品特性

(1) 本品清洁范围较为广泛,对大部分公共区域都能适用,尤其适用于金属材料表面的清洁，可以快速高效去除锈垢和油污。

（2）本品制备方法简单，适用于大规模工业生产，产品生产过程环保无毒，无污染物排放，成品易于灌装。

（3）本产品使用方法简单，经简单喷雾就可以清除污渍，且对墙面无损害。

配方 9 除味除垢剂

原料配比

原料	配比（质量份）		
	1#	2#	
丁基六甲基二溴化铵	30	10	8
脂肪醇聚氧乙烯醚硫酸盐	8	4	1
乌洛托品	2	1	0.28
羟甲基纤维素	5	2	0.5
9,12-十八碳二烯酸	8	25	30
水	加至100	加至100	加至100

制备方法 将各组分原料混合均匀即可。

产品应用 本品主要应用于管道、锅炉、中央空调、换热器、冷凝器、蒸发器、制冷机、空压机、反应釜、冶炼炉、采暖系统以及瓷砖、花岗石、玻璃、陶瓷、塑料等非金属设备，并可用于厕所、卫生间、厨房等除味除垢。

产品特性

（1）该除味除垢剂水溶性好，化学性质稳定，耐高温、耐氧化性能显著，对水质和pH值适用范围广，在环境苛刻的条件下仍具有很好的防垢、除垢性能。

（2）该除味除垢剂可以在除垢的同时除味，并且用温和的有机酸进行除垢，未加入强酸和强碱，可以有效避免腐蚀，以便广泛应用于各种需要除垢的场合。

配方 10 船舶用除垢剂

原料配比

原料	配比（质量份）	原料	配比（质量份）
表面活性剂卵磷脂	17	抗再沉积剂聚羧酸钠	20
缓蚀剂巯基苯并噻唑	7	硅酸铝纤维	11
渗透剂脂肪醇聚氧乙烯醚	6	聚丙烯酸钠	15
水溶助长剂磷酸酯	4	水	15

制备方法 将各组分原料混合均匀即可。

产品应用 本品主要用于船舶除垢。

产品特性 本品除垢效果优秀，且原料成本低廉，易于推广。

配方 11　低腐蚀性除垢剂

原料配比

原料	配比(质量份)	原料	配比(质量份)
柠檬酸	2	十二烷基苯磺酸钠	1
盐酸	35	缓蚀剂	3
乳酸	3	防锈剂	5
马来酸	20	辅料	3
反丁烯二酸	0.5	水	加至100
氨基硫酸	6		

制备方法

（1）将固体物料反丁烯二酸、柠檬酸、氨基硫酸、马来酸、十二烷基苯磺酸钠依次加入化料反应器中，然后加入适量水搅拌后固体物料溶解；搅拌时的速率为200～300r/min。

（2）将液体物料乳酸、盐酸、缓蚀剂、防锈剂和辅料依次加入化料反应器中搅拌，使其充分溶解；搅拌时的速率为1500r/min。

（3）将混合均匀的物料经过过滤后，制得除垢剂。过滤时采用的是不锈钢滤网，采用的滤网目数为150～230目。

原料介绍

所述缓蚀剂为葡萄糖酸钠、葡萄糖、维生素C淀粉中的一种或几种的组合。

所述辅料为食品级香精或食品级色料中的一种或几种的组合。

所述防锈剂为三乙醇胺或亚钠中的一种或两种的组合。

产品特性　本品对人体无毒无害，对设备腐蚀性较小，能够快速全面溶解污垢，节约能源，不伤皮肤，安全可靠，性能温和，不影响人体健康；除垢彻底，能够清除设备或容器内部的污垢，清洗效果好，并且在表面可以形成一个保护层，能够延缓污垢的再次生成；采用的新型缓蚀剂无毒无害、环保；清除污垢后形成的残液可以在自然界中分解，对环境不会造成二次污染和危害。

配方 12　车用高效轮毂除垢清洗剂

原料配比

原料	配比(质量份)		
	1#	2#	3#
十五烷基间二甲苯磺酸钠	70	60	65
二氯甲烷	35	30	40
全氯乙烯	60	45	20

续表

原料	配比(质量份)		
	1#	2#	3#
丙烯酸	15	8	12
单烷基醚磷酸酯钾盐	8	7	7
硅酸钠	7	7	7
去离子水	90	60	100

制备方法 将十五烷基间二甲苯磺酸钠、二氯甲烷、全氯乙烯、丙烯酸、单烷基醚磷酸酯钾盐、硅酸钠、去离子水按比例加入混合容器中均匀搅拌，混合均匀后即得所述车用高效轮毂除垢清洗剂。

产品应用 本品主要用于车用高效轮毂除垢。

产品特性 本产品中的十五烷基间二甲苯磺酸钠的加入能够增强对油渍的去除效果，使对汽车轮毂的清洗更加干净；本产品清洗轮毂时对轮毂伤害比较小，能够增强轮毂的使用寿命；使用起来比较简单方便。

配方 13　车用水箱除垢剂

原料配比

原料	配比(质量份)		原料	配比(质量份)	
	1#	2#		1#	2#
聚丙烯酸钠	4	8	氨基磺酸	6	7
烷基苯磺酸钠	5	7	羟乙基酸	12	19
硝酸	28	15	水	加至100	加至100
氯化钾	5	2			

制备方法 将各组分原料混合均匀即可。

产品应用 本品主要用于车用水箱除垢。

产品特性 本产品生产成本低、除垢效果好。

配方 14　车用水箱自动除垢剂

原料配比

原料	配比(质量份)	原料	配比(质量份)
氨基磺酸	40～50	聚丙烯酸钠	4～7
水溶性苯并三氮唑	0.4	烷基苯磺酸钠	4～10

制备方法 将各组分在搅拌器内混合均匀即为产品。

产品应用 本品主要用于车用水箱除垢。

产品特性

(1) 除垢过程无需停机，省时、省力、高效节能。

（2）本产品属中性，对设备无腐蚀、无毒、无臭、无污染。

（3）制作简单，使用方便，除垢、陈化一次完成，清洗费用低，便于推广应用。

配方 15　电镀前处理用除垢剂

原料配比

原料		配比（质量份）					
		1#	2#	3#	4#	5#	6#
氧化剂	过氧化氢	30	15	10	30	70	67
	过硫酸铵	—	15	20	—	—	—
稳定剂	植酸	2	1	1	2	0.1	5
	乙二醇丁醚	—	1	—	—	—	—
	羟基亚乙基二膦酸	—	—	1	—	—	—
助洗剂	氟化铵	30	15	10	—	5	4
	氟化氢铵	—	15	20	35	—	—
催化剂	硫酸铁	1	0.5	0.5	0.5	1	2
	硫酸亚铁	—	0.5	—	—	—	—
	硫酸铜	—	—	1.5	—	—	—
	硫酸亚铜	—	—	—	0.5	—	—
溶剂	水	37	37	36	37	23.9	22

制备方法　将各组分原料混合均匀即可。

产品应用　本品主要用于压铸或机加铝合金产品电镀前处理中的除垢工序，用于去除铝合金产品上的污渍或污垢。

使用时，本品所述的除垢剂处理压铸或机加铝合金 10～120s 后，产品表面洁白、色泽均匀，经清洗后即可进行沉锌、镀镍等后续工序，后续镀层结合力好。

产品特性

（1）本品对压铸或机加铝合金的除垢效果好，能够与现有技术中三酸法的处理效果相当，经除垢剂清洗后的铝合金即可进行沉锌、镀镍等后续工序，后续镀层结合力好。

（2）本品不会对铝合金产生腐蚀，不会影响铝合金的尺寸精度。同时不产生磷的排放，废水处理简单容易。也不会产生氮氧化物等棕黄色烟雾的排放，可改善生产环境，减少废气处理。

配方 16　改进的设备除垢剂

原料配比

原料	配比（质量份）	
	1#	2#
乙二胺四亚甲基膦酸	6	10
聚环氧琥珀酸钠	3	7
葡萄糖酸钠	2	6
过硼酸钠	4	7
三聚磷酸钠	2	5

原料	配比(质量份)	
	1#	2#
亚硝酸钠	1	5
苯甲酸钠	2	6
羟基膦酸酰基乙酸	4	9
乙烯基双硬脂酰胺	5	9

制备方法 将各组分原料混合均匀即可。

产品应用 本品是一种改进的设备除垢剂。

产品特性 本产品能够有效地对设备表面、内部的锈垢进行很好的清除，同时作用时间长，能够长时间保护设备。

配方 17　改进的机械设备除垢剂

原料配比

原料	配比(质量份)		原料	配比(质量份)	
	1#	2#		1#	2#
二氧化硅	5	8	硝酸钾	4	12
硝酸钾	2.7	3.8	阻燃剂	5	7
调节剂	3	6	亚硫酸钠	3	5
八水合氢氧化钡	5.4	13	除油剂	4	5
酒石酸	4	8	氢氧化铝	6	12
二甲基硅油	13	18	十二烷基苯磺酸钠	3	5
酸洗剂	8	16			

制备方法 将各组分原料混合均匀即可。

产品应用 本品主要用于机械设备除垢。

产品特性 本品是一种改进的机械设备除垢剂，缩短了清洗时间，可以彻底清洗油污污渍，有效保护机械设备。

配方 18　PS 版/CTP 版冲版机用浓缩除垢剂

原料配比

原料	配比(质量份)	原料		配比(质量份)
乙酸	12	乙醇		12
硼酸	8	助剂		2
氨基磺酸	6	助剂	羧甲基纤维素钠	2
去离子水	40		二硫化钼	1.5
乙酸乙酯	4		去离子水	8
EDTA 二钠	2		茶多酚	2
十二烷基苯磺酸钠	3		单宁酸	0.1

制备方法 先将乙酸、硼酸以及氨基磺酸、十二烷基苯磺酸钠投入去离子水，搅拌至完全溶解后，再加入乙酸乙酯、乙醇，继续搅拌分散1~2h，最后再加入其他剩余成分，继续搅拌分散至溶液稳定均匀后即可。

所述的助剂制备方法为：先将茶多酚、单宁酸投入去离子水中，搅拌至其完全溶解后，再加入羧甲基纤维素钠，继续搅拌至其完全分散后，再将二硫化钼投入，继续搅拌分散30~50min后，将所得物料加热至50~60℃，浓缩成膏状，即得。

产品应用 本品用于PS版/CTP版冲版机除垢。

产品特性 本产品首先用乙酸、硼酸、氨基磺酸混合溶液取代了传统的稀盐酸溶液，不仅仍具有良好的除垢能力，对设备的腐蚀能力也得到降低，且更为环保安全，溶液中混溶的乙酸乙酯能增进溶液对显影液中卤族化合物结晶以及附着有机溶剂的去除能力；本产品除垢剂在实际使用过程中用量少，见效快，易清洗无残留，更为环保安全。

配方 19 工业设备除垢剂

原料配比

原料	配比（质量份）		
	1#	2#	3#
马来酸-丙烯酸共聚物	55	50	59
羟基亚乙基二膦酸四钠盐	35	30	39
亚甲基琥珀酸	1.5	1	1.9
水	7	5	9

制备方法 将各组分原料混合均匀即可。

产品应用 本品主要用于工业设备除垢。

使用过程中，在补充设备冷却水时加入本产品，其加入比例是水1000kg，本产品8~20g。

使用条件和说明：

（1）使用条件：本产品适用于锅炉、中央空调等热交换设备在正常运行条件下清洗各种类型的水垢和藻类生物黏泥，除垢周期根据水垢厚薄，一般需要20~40天，除垢期间设备可正常使用，不影响其运行工况和水质指标，清洗过程不需要任何辅助设施和分析化验。

（2）使用说明：本产品的使用条件较宽，对运行参数及水质的变化适应性强，不需分析监测水中的物质含量，也不必进行水质化验。

产品特性 中性不停机清洗，不影响生产，使用量少，节能降耗，性能稳定，运行水温度200℃不影响除垢功能，而且，清洗过程中不需要任何辅助设备和分析试验，同时，清洗排放废液无毒害，不污染环境，属绿色环保产品；成本低廉，较之现有除垢方法可节约成本50%以上。

配方 20 定型套水路清洗机除垢剂

原料配比

原料	配比（质量份）		
	1#	2#	3#
水解聚马来酸酐	28	40	30
氨基磺酸	6.5	9.5	8
盐酸	5	40	30
磷酸	10	30	15
水	15	55	30

制备方法 将各组分原料混合均匀即可。

产品应用 本品主要用于定型套水路清洗机除垢。

产品特性

（1）本品中所使用的水解聚马来酸酐稳定性及耐温性较高，在循环冷却水 pH 值为 8.0 时也有明显的溶限效应，能与水中的钙、镁离子螯合并有晶格畸变能力，提高淤渣的流动性，以达到除垢效果。

（2）本品中所使用的氨基磺酸无毒，对设备的腐蚀比其他无机酸小，能有效去除金属表面的氧化层，有效地溶解硬水垢，并形成极易溶于水的化合物，以达到除垢效果。

（3）本品中所使用的盐酸成本低，使用方便，不用进行加热即可迅速、快捷地除垢；磷酸既能除垢，还能生成钝化层起到缓蚀作用。

配方 21 镀锌金属除垢剂

原料配比

原料	配比（质量份）	
	1#	2#
乳化剂 OP-10	27	30
六亚甲基四胺	35	40
金属络合剂	22	15
三聚磷酸钠	10	8
五水硅酸钠	5	6
氨基磺酸	3	2
缓蚀剂	8	6
盐酸	2	1
蒸馏水	60	69

制备方法 将各组分原料混合均匀即可。

产品应用 本品主要用于镀锌金属除垢。

产品特性 本品清洗效果好，除垢能力强，可最大限度地清除镀锌件表面的各种污垢，且清洗流程简单，节约了人力物力，加快了处理时间，提高了工作效率。

配方 22 防垢除垢剂

原料配比

原料	配比(质量份)	原料	配比(质量份)
二乙烯三胺五亚甲基膦酸	200	片碱	200
氨基三亚甲基膦酸	100	防锈剂	100
二己烯三胺五亚甲基膦酸钠	300	杀菌剂	100

制备方法 所述防垢除垢剂各组分在温度为 $30℃ \pm 1℃$、pH 值为 11 ± 0.5 的条件下进行搅拌混合反应。反应后烘干，再搅碎，根据产品要求过筛，包装。

原料介绍 所述防锈剂主要由三乙醇胺、亚硝酸钠组成。

产品应用 本品主要用于锅炉水循环系统炉内处理。

产品特性 本品在锅炉不停炉的情况下，清除锅炉水系统的水垢，同时防止新垢的生成。

配方 23 钙法脱硫塔除垢剂

原料配比

原料		配比(体积份)			
		1#	2#	3#	4#
有机酸		40	50	50	40
无机酸		15	10	10	15
助溶剂(JFC)		10	8	8	10
渗透剂		1.8	2	2	1.8
表面活性剂		1.2	0.8	0.8	1.2
水		加至100	加至100	加至100	加至100
有机酸	草酸	3	3	2	2
	聚羟基乙酸	2	2	1	1
	聚丙烯酸	1	1	1	1
无机酸	盐酸	2	2	1	1
	磷酸	1	1	1	1
助溶剂(JFC)	乙酸乙酯	1	—	—	1
	乙酸丁酯	1	—	—	1
	丙烯酸-丙烯酸酯-膦酸-磺酸盐四元共聚物	1	1	1	1
	水杨酸钠	—	1	1	—
	柠檬酸	—	1	1	—

续表

原料		配比（体积份）			
		1#	2#	3#	4#
渗透剂	烷基磺酸钠	1	—	—	2
	脂肪醇聚氧乙烯醚	1	—	—	1
	磷酸酯	—	1	2	—
	聚醚	—	1	1	—
表面活性剂	磷酸酯盐	1	—	—	1
	α-烯烃磺酸盐（AOS）	1	—	—	2
	环氧乙烷的缩合物	—	1	1	—
	脂肪醇聚氧乙烯醚	—	1	2	—

制备方法 将各组分原料混合均匀后 pH 值控制为小于 0.5。

产品应用 本品主要用于钙法脱硫塔除垢。

本品钙法脱硫塔除垢剂的应用是先将除垢剂配制成浓度为 10%～30% 的清洗液，然后将清洗液通过清洗管道通入脱硫塔中进行喷淋，控制管道压力为 1～2MPa，流速控制为 10～20m³/h，持续不断循环冲洗脱硫塔内部 2～6h。

产品特性

（1）该除垢剂能够高效、快捷、彻底清除电解铝低浓度二氧化硫烟气脱硫塔内部元件结垢，从而提高脱硫效率、消除安全隐患。

（2）该除垢剂具有对脱硫塔内部元件上的结垢清除彻底，不会腐蚀 PP 材质、搪瓷、玻璃等元件，废液经过滤处理后作为脱硫系统工艺水应用或者经碱中和处理后达标排放，是一种高效安全的环保型弱酸性清洗剂；本品是一种环境友好型化学清洗剂，对于脱硫塔内元件表面的顽固结垢，能进行快速、有效的清洗。达到清洗后换热元件干净、无明显残留硬垢，显出除雾器、填充塔等内部元件的本色，表面结垢清除率达到 96% 以上。

（3）本品操作简单易控制，能够确保脱硫系统的正常运行，提高脱硫设备的利用率，降低设备运行成本，达到了节能减排的目的。

配方 24　高硅铸铝件的常温除垢增白剂

原料配比

原料	配比（质量份）		
	1#	2#	3#
非离子型异构醇醚 FSD-191	8	10	12
苹果酸或柠檬酸	3	4	5
氟化钠	5	8	8
双氧水	10	11	12
TA-E 污垢分散剂	2	2.5	3
水	加至 100	加至 100	加至 100

制备方法

（1）先将无机盐加入水中，充分溶解混合均匀，分别加入有机酸及分散剂。

（2）再将氧化物加入（1）中，搅拌均匀。

（3）最后加入非离子型表面活性剂，搅拌均匀即可。

产品应用 本品主要用于高硅铸铝件的常温除垢增白。

使用方法：常温将高硅铸铝件完全浸泡1～2min（可根据实际情况延长浸泡），漂洗烘干后，工件表面增白，灰垢全部处理干净，清洗后工件表面不会发霉。

产品特性 本品具有低温清洗效果好的特征，尤其适用于硅铝压铸合金，该除垢剂处理后的工件，表面的防霉效果持久，能有效去除铸铝件表面的污渍及经化学抛光碱腐蚀后产生的黑灰。

配方 25　高炉煤气余压透平发电设备缓蚀除垢剂

原料配比

原料		配比(质量份)		
		1#	2#	3#
曼尼希碱	甲醛	25	35	45
	乙酸	15	25	30
	丙酮	30	20	15
	苯胺	30	20	10
N-环己基环己胺		30	27	25
质量分数为10%～20%的氢氧化铵溶液		15	12	10
吗啉		5	3	2
十八烷基二甲基叔胺		28	27	25
N,N-二乙基乙胺		15	12	10
曼尼希碱		7	19	28

制备方法 将 N-环己基环己胺、氢氧化铵溶液、吗啉、十八烷基二甲基叔胺、N,N-二乙基乙胺充分混合，搅拌均匀，然后加入曼尼希碱，在常温下继续搅拌反应45min，至完全混合均匀，即得到高炉煤气余压透平发电设备缓蚀除垢剂。

原料介绍

所述的曼尼希碱的制备过程具体为：按质量分数分别称取甲醛25%～45%，乙酸15%～30%，丙酮15%～30%，苯胺10%～30%，以上组分质量分数之和为100%。在常温下，将甲醛投到反应釜中，并缓慢滴加乙酸，待甲醛和乙酸混合均匀，反应4.5～5h后，加入丙酮和苯胺，温度升到120℃反应3.5～4.5h，即得到曼尼希碱。

产品应用 本品主要用于高炉煤气余压透平发电设备除垢。

产品特性 本品能够有效解决管线局部腐蚀和点蚀问题，同时对油泥垢的去除率也达到85%以上。

配方 26　高渗透快速注水井除垢剂

原料配比

原料		配比（质量份）		
		1#	2#	3#
催化剂粉末	硅酸乙酯	100	150	200
	丁醇	50	80	100
	去离子水	40	45	50
	磷钨酸	32	22	35
洗涤后的滤渣	氨基葡萄糖盐酸盐	6	7	8
	去离子水	250(体积)	275(体积)	300(体积)
	催化剂粉末	2.5	2.7	3
渗透软化剂	聚氧乙烯脂肪酸酯	10	13	15
	十八烷基二甲基甜菜碱	5	7	10
	聚甘油脂肪酸酯	6	7	8
	聚丙烯酰胺	8	10	12
	聚二甲基硅氧烷	10	12	15
催化剂粉末		2	2	3
渗透软化剂		20	25	30
洗涤后的滤渣		15	20	25
乙二胺四乙酸二钠		2	3	4
柠檬酸		8	9	10
草酸		10	13	15
苹果酸		2	3	4
水杨酸		8	9	10
咖啡酸		3	4	5
苯并三唑		2	3	4

制备方法

（1）分别称取 100～200g 硅酸乙酯、50～100g 丁醇、40～50g 去离子水和32～35g 磷钨酸加入到三口烧瓶中，放入水浴锅中，加热至回流，回流 3～5h 后倒入玻璃烧杯中，放入水浴锅中，升温至 60～70℃，保温搅拌 3～5h 后放入烘箱中，在 100～110℃条件下烘干 6～8h，烘干后放入研磨机中研磨，过 100～120 目筛，得催化剂粉末。

（2）在装有回流冷凝管、温度计和分水器的四口烧瓶中依次加入 6～8g 氨基葡萄糖盐酸盐和250～300mL 去离子水，用质量分数 20%氢氧化钠溶液调节 pH 值为 7.0 后向四口烧瓶中加入 2.5～3g 上述催化剂粉末，搅拌均匀后放入水浴锅中，升温至 35～40℃，保温搅拌反应 5～6h，在反应的过程中用质量分数 20%氢氧化钠溶液保持反应液的 pH 值为 7.0。

（3）上述反应结束后过滤得滤液，将滤液用质量分数 25% 盐酸调节 pH 值为 4.5～5.0，调节后减压浓缩至原体积的 10%～15%，得浓缩液，将浓缩液按质量比 1:10 与无水乙醇混合，搅拌混合后放入冰箱中，在 −5～0℃ 条件下放置 5～7h，放置后过滤得滤渣，先用 0～5℃ 质量分数 85% 乙醇溶液洗涤 1～2 次后再用无水乙醇洗涤 2～4 次，得洗涤后的滤渣，备用。

（4）按质量份计，分别选取 10～15 份聚氧乙烯脂肪酸酯、5～10 份十八烷基二甲基甜菜碱、6～8 份聚甘油脂肪酸酯、8～12 份聚丙烯酰胺、10～15 份聚二甲基硅氧烷，搅拌混合均匀后得渗透软化剂。

（5）按质量份计，分别选取 20～30 份上述渗透软化剂、15～25 份步骤（3）备用洗涤后的滤渣、2～4 份乙二胺四乙酸二钠、8～10 份柠檬酸、10～15 份草酸、2～4 份苹果酸、8～10 份水杨酸、3～5 份咖啡酸和 2～4 份苯并三唑，搅拌混合后装入罐中，即可得到高渗透快速注水井除垢剂。

产品应用　本品主要用于高渗透快速注水井除垢。

本品的应用方法是：接好地面除垢管线，用注水系统的高压水试压 8～12MPa，不泄漏为合格，将本品制备得到的高渗透快速注水井除垢剂按质量比 1:1 与去离子水混合，搅拌混合 30～40min 得除垢液，由计量站朝注水井井口喷洒除垢液；再由井口向计量站压注除垢液，如此往复 8～10 天，处理后用高压水冲洗管线，直到固体残渣洗净为止，地面管线清洗完后，转正常注水；处理 8～10 天后除垢率可到达 98% 以上。

产品特性

（1）本品可以提高污垢溶解、疏松、脱落的速率。

（2）本品不仅对无机垢处理效果好，而且可以去除有机垢，施工劳动强度低，施工时间短，腐蚀性小。

配方 27　高效快速除垢剂

原料配比

原料		配比（质量份）				
		1#	2#	3#	4#	5#
草酸		20	35	50	75	80
柠檬酸		10	11	13	15	20
助剂		2	3	3.5	4	5
活性剂		3	3	4	5	6
助剂	柠檬酸钠	4	4	6	7	8
	草酸钠	1	1.5	1.5	1.5	2
	硫酸钠	20	30	40	50	60
	硅酸钠	10	15	20	25	30

制备方法 按照原料的质量配方，将草酸和柠檬酸混合均匀，然后加入混合物质量5～8倍的蒸馏水，在40～50℃水浴加热的状态下搅拌，然后将助剂和活性剂依次加入，保持水浴加热温度搅拌60～90min后停止加热冷却到常温，得到所需除垢剂。

原料介绍

所述助剂为柠檬酸钠、草酸钠、硫酸钠和硅酸钠的混合物，其原料按质量比为(4～8)∶(1～2)∶(20～60)∶(10～30)。

所述活性剂为苯磺酸钠、甲磺酸钠、对甲苯磺酸钠中的一种或几种混合。

产品特性 本品可以高效地去除液体中污垢的易形成因子，从而很好地解决液体进入MVR等蒸发系统后容易结垢形成污堵的问题，除垢剂效果良好、反应快速、使用方便，可有效消除水垢和污垢所带来的隐患。

配方 28　高效除垢剂

原料配比

原料	配比(质量份)		原料	配比(质量份)	
	1#	2#		1#	2#
非离子聚丙烯酰胺	12	14	枸橼酸	6	6
脂肪醇聚氧乙烯醚	23	29	咖啡酸	8	6
乙酸钠	8	15	柠檬酸	8	9
乙酸	9	10～15			

制备方法

（1）将乙酸钠放入非离子聚丙烯酰胺中，搅拌20min。

（2）加入脂肪醇聚氧乙烯醚、枸橼酸和柠檬酸，搅拌10min。

（3）加入咖啡酸和乙酸，搅拌30min，即得到成品。

产品特性 本品的除垢剂除垢效率高，除垢效果好。

配方 29　高效管道除垢剂

原料配比

原料	配比(质量份)	原料	配比(质量份)
水	80	三聚磷酸钠	10
钨酸钠	25	表面活性剂	10
甲基纤维素	10	羟基亚乙基酸	9
魔芋胶	15	三氯异氰尿酸	18

制备方法

（1）将钨酸钠、甲基纤维素加入水，搅拌均匀。

（2）控制温度 90~95℃时依次加入魔芋胶、三聚磷酸钠混合溶解。

（3）然后加入表面活性剂，在搅拌和加热条件下加入羟基亚乙基酸、三氯异氰尿酸，混合均匀。

（4）常温下静置 2h，封存。

原料介绍 所述表面活性剂为脂肪醇聚氧乙烯醚硫酸钠。

产品应用 本品主要用于管道除垢。

产品特性 本品清洗效果优异，清洗污垢的速度快，溶垢彻底；清洗成本低，不造成过多的资源消耗；对温度、压力、机械能等不需要过高的要求；不在清洗对象表面残留下不溶物，不产生新污渍，不形成新的有害于后续工序的覆盖层，不影响清洗对象的质量。

配方 30　高效管道用除垢剂

原料配比

原料	配比（质量份）	原料	配比（质量份）
水	80	三聚磷酸钠	10
脂肪醇聚氧乙烯醚硫酸钠	25	磷酸三钠	10
乌洛托品	10	羟基亚乙基酸	9
十二烷基硫酸钠	15	氨基三亚甲基膦酸	18

制备方法

（1）将脂肪醇聚氧乙烯醚硫酸钠、乌洛托品加入水，搅拌均匀。

（2）控制温度 90~95℃时依次加入十二烷基硫酸钠、三聚磷酸钠混合溶解。

（3）然后加入磷酸三钠，在搅拌和加热条件下加入羟基亚乙基酸、氨基三亚甲基膦酸，混合均匀。

（4）常温下静置 2h，封存。

产品应用 本品主要用于管道除垢。

产品特性 本品清洗效果优异，清洗污垢的速度快，溶垢彻底；清洗成本低，不造成过多的资源消耗；对温度、压力、机械能等不需要过高的要求；不在清洗对象表面残留下不溶物，不产生新污渍，不形成新的有害于后续工序的覆盖层，不影响清洗对象的质量。

配方 31　高效机械设备除垢剂

原料配比

原料	配比（质量份）	
	1#	2#
异丙醇	5	7

原料	配比(质量份)	
	1#	2#
丙酮	2.5	3.6
硬脂酰胺	5.5	7.6
双酚A型聚碳酸酯	4	8
苯甲酸甲酯	5	9
二甲基二巯基乙酸异辛酯锡	10	26
钝化液	2	4
增稠剂	2	5
氢氧化钙	5	7
亚硝酸钠	6	13
油酰胺	6	8
硬脂酰胺	5	14
聚乙烯	7	16
除油粉	5	11
空心玻璃微珠	8	12

制备方法 将各组分原料混合均匀即可。

产品应用 本品主要用于机械设备除垢。

产品特性 本品可以提高工作效率，并高效清除污垢，改善了机械设备的工作环境。

配方 32 工业高效除垢剂

原料配比

原料	配比(质量份)				
	1#	2#	3#	4#	5#
乙二胺四乙酸二钠	5	9	6	8	7
乌洛托品	0.2	0.5	0.4	0.4	0.35
三乙醇胺	0.5	3	1	2	1.5
氢氧化钠	1	4	2	3	2.5
脂肪醇聚氧乙烯醚	0.005	0.03	0.01	0.02	0.015

制备方法 将各组分原料混合均匀即可。

产品应用 本品主要用于对危险废物渗滤液蒸馏装置中所产生的垢样进行有效清除。

产品特性

(1) 将除垢剂通过泵打入渗滤液蒸馏釜加热管中，并强制运行12h左右，泵停止运行后，蒸馏釜内未见明显垢样，重新开机后装置恢复原先处置能力。该清洗除垢过程无需加热，整个除垢环境为碱性环境，不会对装置产生任何腐蚀。

（2）该除垢剂不仅对渗滤液蒸馏所产生的垢能有效地起到清除的作用，也可以用于其他类似的需要除垢的生产环节中。

配方 33 工业热力管道除垢清洗液

原料配比

原料	配比（质量份）				
	1#	2#	3#	4#	5#
硫代硫酸钠	2	5	8	8	2
硝酸铵	1	2.5	4	4	1
磷酸	3	4.5	5.9	9	3
磷酸三钠	3.1	3.3	3.5	3.5	1
草酸	0.6	1.5	2.5	2.5	0.5
AEO-9 乳化剂	0.7	1.1	1.5	1.5	0.3
乌洛托品	0.2	0.5	0.8	0.8	0.2
高分子复合增效活性剂	0.5	1.2	1.9	3	0.5
DX 渗透剂	0.5	0.7	0.9	2	0.5
工业盐	1.6	2.3	3	3	0.5
去离子水	17	25	33	33	17

制备方法

（1）按所述配比量分别称取除磷酸和高分子复合增效活性剂以外的各种原料，并将称得的各种原料分别盛装在对应容器中，然后分别向盛装对应原料的容器中加去离子水并加热溶解，搅拌均匀，进而分别制成对应原料的水溶液，即硫代硫酸钠水溶液、硝酸铵水溶液、磷酸三钠水溶液、草酸水溶液、AEO-9 乳化剂水溶液、乌洛托品水溶液、DX 渗透剂水溶液、工业盐水溶液，其中向盛装对应原料的容器中加去离子水的量以相应原料全部溶解成溶液状态为度，且各原料对应的溶解加热温度范围分别为：硫代硫酸钠 20～35℃、硝酸铵 15～25℃、磷酸三钠 20～25℃、草酸 26～34℃、AEO-9 乳化剂 72～88℃、乌洛托品 75～90℃、DX 渗透剂 26～34℃、工业盐 16～24℃。

（2）按所述配比称取磷酸与高分子复合增效活性剂，并按照硫代硫酸钠水溶液、硝酸铵水溶液、磷酸、磷酸三钠水溶液、草酸水溶液、AEO-9 乳化剂水溶液、乌洛托品水溶液、高分子复合增效活性剂、DX 渗透剂水溶液与工业盐水溶液的顺序，以后一项与前一项逐项混合配制的次序，依次混合搅拌均匀，并按所述配比量加足去离子水，搅拌均匀，即制得工业热力管道除垢清洗液。

产品应用　本品主要用于工业热力管道除垢清洗。

产品特性　本品能有效清除工业热力管道中的水垢，从而能使工业热力管道保持畅通,进而能延长工业热力管道的使用寿命,而且除垢效率高。

配方 34 工业水处理除垢剂

原料配比

原料	配比(质量份)		
	1#	2#	3#
丙二醇	10	25	40
腐植酸钠	100	180	250
硫化蓖麻油	2	5	8
碳酸钠	300	450	600
淀粉	30	50	70
六偏磷酸钠	10	25	40
去离子水	200	300	400

制备方法 将上述物料加入到反应釜中,加热至 90℃,同时搅拌均匀,再保温 2h,然后降温至常温,取出灌入模具凝固成型,即可制得成品。

产品应用 本品主要用于工业水处理。

产品特性 本品配方简单,原料易购,除垢效果好且不伤皮肤,综合成本较低。

配方 35 工业水处理装置清污除垢剂

原料配比

原料	配比(质量份)						
	1#	2#	3#	4#	5#	6#	7#
羟基亚乙基二膦酸	100	250	130	220	130	220	180
水解聚马来酸酐	500	250	400	300	400	300	340
丙烯酸-2-丙烯酰胺-2-甲基丙磺酸共聚物	300	500	380	400	400	400	380
甲基苯并三氮唑	10	50	45	20	20	30	45
氢氧化钠	0.01	0.05	0.045	0.02	0.02	0.045	0.045
水	30	70	45	55	50	55	55

制备方法

(1) 将 100～250 份的羟基亚乙基二膦酸、250～500 份的水解聚马来酸酐、300～500 份的丙烯酸-2-丙烯酰胺-2-甲基丙磺酸共聚物混合均匀,备用。

(2) 在 10～50 份的甲基苯并三氮唑中加入 0.01～0.05 份的氢氧化钠,再加入 30～70 份的水混合搅拌均匀。

(3) 将步骤 (2) 制得的混合物加入步骤 (1) 制得的混合物中,混合均匀。

（4）将步骤（3）制得的混合物进行过滤，即制得工业水处理装置清污除垢剂。

产品应用　本品主要用于碳钢、不锈钢、铜及多种设备材质，具有良好的除垢缓蚀作用。

产品特性　本品除垢性能优良，在高硬度、高碱度、高浓缩运行情况下，仍能发挥其优良的除垢性能。另外，该药剂在复配过程中添加了多种缓蚀除垢功能药剂，对碳钢、不锈钢、铜及多种设备材质，具有良好的除垢缓蚀作用，有效地防止腐蚀。

配方 36　工业水用除垢剂

原料配比

原料	配比（质量份）		
	1#	2#	3#
碳酸钠	600	800	700
腐植酸钠	150	250	220
淀粉	40	70	60
六偏磷酸钠	10	25	15

制备方法　将四种原料混合均匀后放入粉碎机进行粉碎，粉碎时间为20～30min。

产品应用　本品主要用于工业水除垢。

产品特性

（1）整个技术方案操作简单可靠，成本较低，有利于企业降低生产成本。

（2）该产品生产过程中无废液、无废渣、无废弃产生。

（3）该产品属于环保产品，其沉渣清出后还是一种有机肥料，该产品还有耐高温性，可以有效地杀菌灭藻，应用范围广泛。

配方 37　供暖系统管道专用除垢剂

原料配比

原料		配比（质量份）				
		1#	2#	3#	4#	5#
金属材料保护剂	硫酸铜	5	—	—	—	8
	硫酸锰	—	10	6	—	—
	碘化钾	—	—	—	9	—
聚丙烯酸钠		3	8	4	7	6
咪唑啉磷酸酯		10	20	12	18	15
聚丙烯酰胺		7	14	10	13	12

原料		配比（质量份）				
		1#	2#	3#	4#	5#
聚马来酸酐		6	13	8	10	9
电气石		3	7	4	6	5
负离子球		2	5	3	5	4
柠檬酸		4	8	5	7	6
辛酯磺酸盐		1	2	1.3	1.8	1.4
植酸		11	22	14	20	17
偏硅酸钠		1	3	1.5	2.6	2
羧甲基纤维素钠		2	4	2.4	3.8	3
六偏磷酸钠		3	9	5	8	7
乳化剂	单乙醇胺	0.3	—	—	—	0.7
	二乙醇胺	—	0.9	0.4	—	—
	三乙醇胺	—	—	—	0.8	—
去离子水		50	60	53	56	55

制备方法

（1）将去离子水加热至 50～55℃，加入聚丙烯酸钠、咪唑啉磷酸酯、聚丙烯酰胺、聚马来酸酐、六偏磷酸钠及乳化剂，搅拌混合均匀，然后降温至 40～45℃，再依次加入电气石、负离子球、柠檬酸、辛酯磺酸盐、植酸、偏硅酸钠、羧甲基纤维素钠、金属材料保护剂，搅拌混合均匀。

（2）将步骤（1）得到的混合溶液置于超声波振荡器中处理 5～10min，再置于真空度为 0.03～0.05MPa，温度为 50～60℃ 的环境中静置 30～60min，自然冷却至室温，即得所述供暖系统管道专用除垢剂。

产品应用　本品主要用于供暖系统管道除垢。

产品特性

（1）本品除垢效果好，清洗时间短，清洗工艺简单，价格低廉。

（2）本品通过改进除垢剂的组成成分，在成分的内部添加聚丙烯酸钠、咪唑啉磷酸酯、聚丙烯酰胺、聚马来酸酐及柠檬酸和植酸，原料之间互相配合，能够有效地去除供暖管道使用过程中产生的污垢，去垢效果显著，柠檬酸能够起到抑制污垢再次聚集的作用；并且添加了金属材料保护剂，金属材料保护剂能够保护供热管道连接部件处的金属弯管不受腐蚀，具有较好的除垢效果。

配方 38　供热系统管道除垢剂

原料配比

原料	配比（质量份）		
	1#	2#	3#
硫酸锰	3	7	5

续表

原料		配比（质量份）		
		1#	2#	3#
丙烯酸共聚物	丙烯酸甲酯	4	—	6
	丙烯酸	—	8	—
硬脂酸钠		0.5	—	1
杀菌剂	石灰波尔多液	3	—	—
	十二烷基二甲基氯化铵	—	7	5
除锈剂	十二烷基硫酸钠	7	—	—
	柠檬酸	—	9	—
	三乙醇胺	—	—	8
渗透剂	磺基琥珀酸二异辛酯钠	5	9	7
蛋白质分解剂	蛋白酶	5	8	6.5
阻垢剂	氨基酸	3	—	4.5
	羟基羧酸	—	6	—

制备方法

（1）按要求称量准备各组分原料。

（2）将硫酸锰、丙烯酸共聚物、硬脂酸钠、杀菌剂混合加入高速搅拌机中，在温度为 50～60℃下搅拌 30～40min，搅拌转速 300～400r/min，制得混合物 A。

（3）将除锈剂、渗透剂、阻垢剂加入高速搅拌机中，搅拌 10～20min，搅拌温度为 40～50℃，搅拌转速 250～350r/min，得到混合物 B。

（4）将步骤（2）制得的混合物 A、步骤（3）制得的混合物 B、适量的去离子水混合加入搅拌机中，在温度为 45～55℃下搅拌 10～20min，搅拌转速 100～200r/min，再加入蛋白质分解剂，继续搅拌 10～20min 得到本品的供热系统管道除垢剂。

产品应用　本品主要用于供热系统管道除垢。

产品特性　本品能够有效地去除管道中长期存留的水垢，去垢能力强，不对管道造成二次伤害，还能使管道形成阻垢的功能、延缓污垢的二次形成，增加管道使用寿命、确保管路畅通，此外还能有效去除供热管线在使用过程中产生的各种细菌，综合性能优良；同时本品提供的供热系统管道除垢剂的制备方法，其材料成本较低、原料易得。

配方 39　管道除垢防锈剂

原料配比

原料		配比（质量份）				
		1#	2#	3#	4#	5#
预膜剂	氯化锌	2	6	3	5	4

续表

原料		配比(质量份)				
		1#	2#	3#	4#	5#
脱氧剂	异抗坏血酸	3	9	4	7	6
水垢复合抑制剂		2	5	3	4	3.5
pH调节剂	氢氧化钠	2	9	4	8	6
抗菌剂	肉桂醛	1	3	1.5	2.5	2
水		70	100	75	85	80
水垢复合抑制剂	磺化聚苯胺	1	1	1	1	1
	磺化酚醛树脂	1	1.3	1.2	1.2	1.2
	马来酸酐系水垢抑制剂	10	20	12	15	15

制备方法 将预膜剂、脱氧剂、水垢复合抑制剂、pH调节剂、抗菌剂加入到水中,加热升温到60~70℃,维持4~5h,之后停止加热,得到所述的管道除垢防锈剂。

原料介绍

所述预膜剂选自硫酸锌、氯化锌、硅酸钠中的一种或多种。

所述水垢复合抑制剂包括马来酸酐系水垢抑制剂。

所述马来酸酐系水垢抑制剂的制备原料包括含氟丙烯酸酯、马来酸酐。

所述含氟丙烯酸酯为全氟烷基乙基丙烯酸酯。

所述马来酸酐系水垢抑制剂通过如下方法制备得到:

(1)按一定配比向四口烧瓶中加入马来酸酐和蒸馏水,在搅拌条件下,向氮气保护的四口烧瓶中同时滴加过硫酸钾和含氟丙烯酸酯,使其进行聚合反应。

(2)将反应温度控制在80℃,滴加时间约1.0h,滴加完毕后继续保温反应1.5h,停止加热、搅拌、冷却即得到所述马来酸酐系水垢抑制剂。

所述马来酸酐和含氟丙烯酸酯的摩尔比为1:0.6;所述过硫酸钾与马来酸酐的摩尔比为0.5%:1;所述含氟丙烯酸酯为全氟烷基乙基丙烯酸酯。

所述全氟烷基乙基丙烯酸酯的分子式为 CH_2=$CHC(O)OCH_2CH_2(CF_2)_nF$,$n=4$、6、8。

所述水垢复合抑制剂还包括磺化酚醛树脂。

所述水垢复合抑制剂还包括磺化聚苯胺。

所述磺化聚苯胺通过如下方法制备得到:

(1)称取一定量的聚苯胺,加入事先冷却好的发烟硫酸剧烈搅拌,并采用冰水浴保持温度在0~5℃,持续反应10h,待到溶液颜色从深紫色转变成深蓝色后,停止反应。

(2)将反应液从烧瓶中倒入盛有冰水混合物的烧杯中,加入甲醇,使其沉淀,待到沉淀完全,再加入丙酮,抽滤,滤饼用甲醇和丙酮洗涤,直至滤液澄清,用氢氧化钠调节pH为碱性。

(3)经真空干燥箱80℃的温度干燥48h,即得到磺化聚苯胺。

所述发烟硫酸的加入量为 50mL/g 聚苯胺，即每克聚苯胺加入 50mL 发烟硫酸。

所述脱氧剂选自偶氮二酰胺、亚硫酸钠、异抗坏血酸中的一种或多种。

所述的 pH 调节剂选自氢氧化钠、氢氧化钾、氨水中的一种或多种。

所述抗菌剂是指能够在一定时间内，使某些微生物（细菌、真菌、酵母菌、藻类及病毒等）的生长或繁殖保持在必要水平以下的化学物质。一般分为无机抗菌剂、有机抗菌剂和天然抗菌剂。

所述抗菌剂选自氧化锌、氧化铜、磷酸二氢铵、碳酸锂等无机抗菌剂，肉桂醛、酰基苯胺类、咪唑类、噻唑类、异噻唑酮衍生物、季铵盐类、双胍类、酚类等有机抗菌剂。

产品应用　本品主要用于管道除垢、防锈。

产品特性

（1）本品具有优异的缓蚀阻垢性能和良好的环保性。所述配方各组分以一定比例复配时具有明显的协同增效作用，缓蚀率和阻垢率均得到很大提高，对高温、pH 适应性能提高，同时所述组分能在金属表面形成强力保护膜，还能起清洗金属表面的作用，使水中杂质无法在金属表面积累。此外，配方中各组分均不含磷且无毒副作用。

（2）本品所述预膜剂是指在水处理的预处理过程中，能在金属表面预先形成保护膜的一类化学药品。其有效地除去残余的锈垢、水垢，在金属表面形成一层特殊电位的复合金属膜，平衡系统材质的电位，有效地防止电化学腐蚀和垢下腐蚀。同时延长设备的使用寿命。

配方 40　管道除垢剂

原料配比

原料	配比（质量份）			
	1#	2#	3#	4#
乙酸	10～20	10	15	20
盐酸	3～5	3	4	5
磷脂	8～10	8	9	10
枸橼酸	5～7	5	6	7
萘二甲酸	2～4	2	3	4
马来酸	10～20	10	15	20
羟基亚乙基酸	6～8	6	7	8
高锰酸钾	1～3	1	2	3
反丁烯二酸	10	10	11	12
山梨醇酐单油酸酯	3～5	3	4	5

制备方法

（1）将乙酸、盐酸、磷脂、枸橼酸、萘二甲酸、马来酸、羟基亚乙基酸、高锰酸钾、反丁烯二酸、山梨醇酐单油酸酯依次加入化料反应器中，然后加入适量水搅拌制得混合物。

（2）将混合物经过过滤后，制得除垢剂。

产品应用　本品主要用于管道除垢。

产品特性

（1）该管道除垢剂具有方便快捷、除垢效果好、价格低廉的特点。

（2）本品采用稳定的塑胶材料，具有良好的稳定性，不易发生变质现象。

（3）具有一定的强度，使用范围广，对环境影响小。

配方 41　管道清洗除垢剂

原料配比

原料		配比（质量份）			
		1#	2#	3#	4#
磷酸钠		9	11	11	12
聚丙烯酰胺		10	12	14	13
聚马来酸酐		11	13	13	11
十二烷基苯磺酸钠		10	8	9	8
羟基亚乙基酸		9	8	9	9
氨基三亚甲基膦酸		9	8	9	7
丙烯酸共聚物	丙烯酸	5	4	—	—
	丙烯酸甲酯	6	6	7	—
	丙烯酸二元共聚物	—	—	—	7
五倍子酸		6	7	4	7
酚类衍生物	间苯二酚	5	6	4	4
	间苯三酚	3	3	3	5
聚环氧琥珀酸		4	3	4	4
硬脂酸钠		4	3	4	5
杀菌剂	石灰波尔多液	5	3	—	—
	十二烷基二甲基氯化铵	—	2	6	4
除锈剂	十二烷基硫酸钠	—	1	1	2
	柠檬酸	1	1	2	2
	三乙醇胺	2	1	—	—

制备方法　将原料按照配比制成后，在 60℃下进行搅拌混合。

产品应用　本品主要用于管道清洗、除垢。

产品特性　本品能够有效地去除管道中积蓄的水垢，效果稳定，去污能力强，原料易得，价格便宜，且有益于在工业化生产过程中对管道中水垢的大规模处理，有效成分高，处理水垢的能力强等。本品能够有效地去除管道中长期存留的水垢，去垢能力强，不对管道造成二次伤害，还能使管道形成阻垢的功能。

配方 42　电厂锅炉除垢酸洗液

原料配比

原料	配比（质量份）	
	1#	2#
柠檬酸	22	25
缓蚀剂 SH-40	53	52
氨水	3	2
乙醇	2	3

制备方法　将各组分原料混合均匀即可。
产品应用　本品主要用作电厂锅炉除垢酸洗液。
产品特性　本产品配方合理，使用效果好，生产成本低。

配方 43　长效锅炉除垢剂

原料配比

原料	配比（质量份）	
	1#	2#
十二烷基硫酸钠	17	15
氨基磺酸	7	8
十二烯基丁二酸	11	8
木质素	9	7
葡萄糖酸钠	8	10
乙烯基双硬脂酰胺	6	5
苯胺	4	4
聚丙烯酰胺	5	5
乙二醇	15	18
碳酸钠	10	8
水	300	300

制备方法
（1）称量：按照预先选定好的质量份称量各种原材料。

（2）混合：将十二烷基硫酸钠、氨基磺酸、十二烯基丁二酸、木质素、葡萄糖酸钠溶于全部质量份的水中，以 500~800r/min 的转速搅拌并加热至 60~80℃，到达指定温度后继续搅拌 40～50min。然后加入剩余材料，继续搅拌 20～30min。

（3）冷却：将步骤（2）中所得产物置于 0.5 个标准大气压下，降温至 30～40℃，保持 1～2h，然后冷却至室温。即得所需除垢剂。

产品应用　本品主要用于锅炉、输油管道等设备的除垢。

产品特性

（1）该除垢剂使用绿色环保的原料对传统除垢剂中普遍使用的含磷原料进行代替，减轻了其制备和使用过程中对环境造成的压力。同时该脱垢剂还具有长效的保护功能，阻止水垢再次聚集。降低了除垢作业的成本和设备的维护周期。

（2）绿色环保无污染，其生产、使用过程不会对环境和人体产生任何危害。

（3）除垢性能优良，可快速清除锅炉内部的水垢，并且其使用过后会在锅炉内壁形成一个保护层，延缓水垢再次积累的速率，有效地降低了维护成本。

（4）价格低廉，成分简单，其原料选择上精简、合理，生产工艺简单、方便。

配方 44　多功能锅炉除垢剂

原料配比

原料	配比（质量份）				
	1#	2#	3#	4#	5#
十二烷基二甲基氧化胺	13	6	20	8	16
三乙醇胺	6	12	3	10	5
六偏磷酸钠	5	10	1	7	2
丙酸	3	5	0.5	3	1.5
丁酸	9	10	2	8	4
聚丙烯酸	25	30	20	25	21
甲酸	0.3	0.5	0.1	0.4	0.2
水	90	100	80	95	85

制备方法　将各原料混合均匀即可。

产品应用　本品主要用于多功能锅炉除垢。

产品特性

（1）废液无污染。本产品无毒无害，清洗废液对动、植物无损伤，直接排放不污染环境。

（2）除垢率高。本产品对各种类型的水垢均能有效溶解，即使是最顽固的硫酸盐难溶垢，也能彻底洗净。

（3）安全无腐蚀。清洗过程金属腐蚀率极低，对锅炉几乎无任何腐蚀损伤。

（4）本品对水的溶解性能力很强，兼有除垢和除锈的双重功能。

配方 45　高压锅炉专用除垢剂

原料配比

原料	配比（质量份）		
	1#	2#	3#
水解聚马来酸酐	25	35	45
氨基磺酸	5	8	10
聚马来酸	3	4	5
蒸馏水	60	70	70

　　制备方法　将水解聚马来酸酐、氨基磺酸、聚马来酸充分溶解于蒸馏水并混合均匀后即得产品。

　　产品应用　本品主要用于高压锅炉除垢。

　　产品特性

　　（1）本产品中所使用的水解聚马来酸酐稳定性及耐温性较高，在循环冷却水pH值为8.0时也有明显的溶限效应，能与水中的钙、镁离子螯合并有晶格畸变能力，提高淤渣的流动性，以达到除垢效果。

　　（2）本产品中所使用的聚马来酸在循环水中易发生电离，离解出的聚合物负离子能与水中的钙、镁、铁等金属离子形成稳定的配合物，从而阻止结垢，在300℃高温条件下仍具有良好的阻垢效果。

　　（3）本产品中所使用的氨基磺酸无毒，对设备的腐蚀比其他无机酸小，能有效去除金属表面的氧化层，有效地溶解硬水垢，并形成极易溶于水的化合物，以达到除垢效果。

　　（4）本产品具有抑制水垢生成和剥离老垢的作用。

配方 46　高效锅炉除垢剂

原料配比

原料	配比（质量份）	
	1#	2#
苯甲酸钠	4	6
硼酸钠	2	7
乙醛	3	5
硬脂酰胺	2	4
表面活性剂	4	8
乙二胺四乙酸	10	20
抗菌肽	1.2	2.1

续表

原料	配比(质量份)	
	1#	2#
二氯异氰尿酸钠	1.2	2.4
小苏打	4	6
三乙醇胺	2	3
棕榈油脂肪酸甲酯磺酸钠	6	8
油酸酰胺	2.5	4.2
多元醇聚氧乙烯醚羧酸酯	4	6.5
赖氨酸	5.4	6.7

制备方法 将各组分原料混合均匀即可。

产品应用 本品主要用于锅炉除垢。

产品特性 本品除垢彻底，效率高，无污染，有效减少能源消耗。

配方 47　高效锅炉阻垢除垢剂

原料配比

原料		配比(质量份)		
		1#	2#	3#
氨基磺酸		35	40	45
二乙烯三胺五亚甲基膦酸		10	13	16
聚丙烯酸钠		6	6	7
二己烯三胺五亚甲基膦酸钠		15	20	25
去离子水		91	95	99
聚乙二醇		40	45	50
防锈剂	三乙醇胺	3	—	4
	亚硝酸钠	—	5	4
杀菌剂		4	6	8

制备方法 将各组分原料混合均匀即可。

产品应用 本品主要用于锅炉除垢。

产品特性

（1）该除垢剂具有良好的阻垢和除垢效果，有助于延长锅炉的使用寿命，且降低能耗。

（2）本品能快速清除水垢、防止炉体腐蚀，同时还可以预防污垢的形成，减少人工清理锅炉的次数，节约成本。

配方 48　高效锅炉除污除垢剂

原料配比

原料	配比（质量份）		
	1#	2#	3#
氨基磺酸	35	45	40
聚丙烯酸钠	6	7	6
二烷基苯磺酸盐	15	25	20
聚乙二醇	40	50	45
去离子水	91	99	95

制备方法　将各组分原料混合均匀即可。

原料介绍

所述聚乙二醇能够与水互溶，聚乙二醇可以优选为重均分子量为 210～600 的聚乙二醇。在该范围内的聚乙二醇的市售品有 PEG-200、PEG-300、PEG-400、PEG-500、PEG-600、PEG-700、PEG-800 等。

产品应用　本品主要用于锅炉除垢。

产品特性　本品能快速清除水垢、防止炉体腐蚀，同时还可以预防污垢的形成，减少人工清理锅炉的次数，降低能源消耗，节约成本。

配方 49　工业锅炉用除垢剂

原料配比

原料		配比（质量份）		
		1#	2#	3#
母液	乙酸	20	25	28
	磷酸	25	25	15
	渗透剂	3	20	1
	十二烷基苯磺酸钠	10	5	5
	体积分数为 70%～75% 的乙醇	3	3	4
	尿素	5	5	3
	橘皮油	5	2	3
	甘油	3	5	6
	乌洛托品	0.5	0.3	0.1
	碳纤维	5.5	3	6.9
	水	20	24.7	28
缓蚀剂	十二烷基磺酸钠	20	27	35
	邻位和对位的甲苯硫脲	25	15	10
	十八胺	25	25	35
	乌洛托品	20	25	15
	三硬脂酸甘油酯	10	8	5

制备方法

（1）母液的制备：按照质量配比，将水倒入耐酸槽内，然后将乙酸和磷酸倒入水中，再加入渗透剂、十二烷基苯磺酸钠、体积分数为 $70\%\sim75\%$ 的乙醇、尿素、橘皮油、甘油、乌洛托品、碳纤维，搅拌溶解，放置 $8\sim12h$ 后，即可包装。

（2）缓蚀剂的制备：按照质量配比，将十二烷基磺酸钠、邻位和对位的甲苯硫脲、十八胺、乌洛托品和三硬脂酸甘油酯分别倒入搅拌池中，搅拌均匀后，用塑料袋包装即可。

产品应用 本品主要用于工业锅炉除垢。

使用方法：在实际使用过程中，首先分别将母液和缓蚀剂加入其质量 $10\sim20$ 倍的水中稀释后，再将两种稀释液混合均匀，即可广泛用于由钢铁、铝、铜、锡焊等制成的多种金属设备的除垢清洗。

产品特性 本品配比科学，对金属无腐蚀、无毒，可以快速溶解锅炉内部附着的碳酸钙、碳酸镁、硫酸钙、硅酸钙及氧化铁等水垢成分，达到彻底清除锅炉水垢的目的。本品所用原料来源广，且可生物降解，对环境无污染，使用方便、经济安全。

配方 50　供暖锅炉及管道用除垢剂

原料配比

原料		配比（质量份）			
		1#	2#	3#	4#
有机酸	羟基乙酸	40	—	—	—
	氨基磺酸和柠檬酸的任意比混合物	—	50	—	—
	羟基乙酸和氨基三亚甲基膦酸的任意比混合物	—	—	45	—
	氨基磺酸、柠檬酸、氨基三亚甲基膦酸三者的任意比混合物	—	—	—	42
二己烯三胺五亚甲基膦酸钠		10	15	13	14
五水合硫代硫酸钠		7	13	10	12
十二烷基二甲基苄基氯化铵		6	9	8	7
黏结剂		16	20	18	19
非表面离子活性剂		2	3	2.5	2.5
缓蚀剂		6	8	7	6
防锈剂	三乙醇胺	4	6	5	4
杀菌剂	异噻唑啉酮	3	6	5	5
螯合剂	乙二胺四乙酸二钠盐	5	—	7	—
	焦磷酸钠	—	8	—	7
黏结剂	水溶性胶粉	2	2	2	2
	偏硅酸钠	2	2	2	2
	羟甲基纤维素钠	5	5	5	5
缓蚀剂	六亚甲基四胺	1	1	1	1
	十二烷基苯磺酸钠	3	3	3	3

制备方法 按照质量份，将有机酸、二己烯三胺五亚甲基膦酸钠、五水合硫代硫酸钠、十二烷基二甲基苄基氯化铵、非表面离子活性剂混合均匀，然后加入混合物质量3～4倍的蒸馏水，在30～35℃水浴加热的状态下搅拌，接着将螯合剂、防锈剂和杀菌剂依次加入，保持该温度反应30～35min，最后将黏结剂和缓蚀剂加入到溶液中，缓慢搅拌至溶液变为胶体状，胶体自然干燥后粉碎，得到所需除垢剂。

产品应用 本品主要用于供暖锅炉及管道除垢。

该型除垢剂为固态除垢剂，使用时直接加入到注水锅炉中，在加热状态下发挥除垢效果，除垢剂的加入量根据锅炉溶剂确定，为35～45g/m³，使用频率为5～7天/次。

产品特性

（1）该除垢剂具有良好的除垢效果，使用的酸性物质为弱酸性的有机酸，在90～130℃的温度范围内均可以保持结构稳定，不会受到高温破坏。除垢剂中添加了缓蚀剂成分，除垢物质在锅炉中可以持续发挥效果。

（2）该除垢剂使用时无需保持设备停机，可以在日常使用中，通过注水口将除垢剂加入到锅炉内，除垢剂在锅炉内发挥作用，锅炉的加热作用会加快除垢剂的反应速率，提高除垢效果。除垢剂的使用非常简单。

（3）本除垢剂除垢效果很好，并且对锅炉和管道的损伤程度较小，对锅炉不造成氧化或腐蚀，并且具有杀菌效果。

配方 51　锅炉除垢剂

原料配比

原料	配比（质量份）	原料	配比（质量份）
琥珀酸	9	3-氟肉桂酸	2
焦磷酸钠	2	二苯甲酸二聚丙二醇酯	8
3-氨基-4,4,4-三氟丁酸	0.6	3-甲基吡唑-5-甲酸乙酯	6
环戊乙酸	0.7	二甲基丙烯酸甘油酯	0.8
4-氯苯磺酸	2	十八烷基二甲基苄基氯化铵	2
2-巯基-3-丁醇	8	对硝基苯乙酮	1.8
4-甲酯基苯硼酸	2	丙氧基化肉豆蔻醇丙酸酯	1
2-溴苯肼盐酸盐	5	硫酸苯胺	5
2,3-二甲基-2-丁烯	4	柠檬酸	2
2,5-己二酮	7	去离子水	160

制备方法 按配方比例称取各种原料，将去离子水加热至60～65℃，加入其他原料，搅拌混合均匀，然后温度降至45～50℃，搅拌混合均匀得到混合溶液，在真空度0.03～0.05MPa、温度为60～65℃条件下保持45～60min，然后自然冷却降至室温，得到锅炉除垢剂。

产品应用 本品主要用于锅炉除垢。

使用方法：选择的锅炉中结垢厚度为 3～6mm，使用温度为 50～60℃，加入锅炉进行循环除垢，使用量为将以上得到的锅炉除垢剂与水的体积比为 1∶5 配成溶液，加入到锅炉中进行循环，循环流速 0.5m/s。

产品特性　本品除垢效果明显，且使用方便。

配方 52　锅炉高效清洁除垢剂

原料配比

原料		配比（质量份）		
		1#	2#	3#
反应混合物	丙烯酰胺	2	3	3
	蒸馏水	5	5	5
	N,N-二甲基丙烯酰胺	1.5	1.9	2.3
	乙二醇	1.3	1.8	2.2
	马来酸酐	7	7	7
	过硫酸铵	1	1	1
多元复合物	反应混合物	8	8	8
	亚硫酸氢钠	4	4	4
	氨丙基三乙氧基硅烷	1	1	1
组合剂	柠檬酸铵	4	4	4
	琥珀酸二异辛酯磺酸钠	5	5	5
	甜菜碱	1	1	1
添加剂	磷酸二乙酯	2	2	2
	鞣酸	1	1	1
多元复合物		50	55	60
组合剂		20	23	25
添加剂		15	16	18
硫代碳酸钠		8	10	12

制备方法　将各组分原料混合均匀即可。

原料介绍

所述多元复合物的制备包括如下步骤：

(1) 将丙烯酰胺和蒸馏水放入反应器中，使用氮气保护，再加入 N,N-二甲基丙烯酰胺及乙二醇升温至 50～55℃，搅拌预热。

(2) 在搅拌预热结束后，加入马来酸酐及过硫酸铵，升温至 80～90℃，搅拌反应。

(3) 在反应结束后，收集反应器中的反应混合物，并将反应混合物与亚硫酸氢钠混合均匀，置于 20～25℃下静置，再加入氨丙基三乙氧基硅烷，升温至 60～70℃，搅拌混合，收集搅拌混合物，并进行蒸馏除水，收集蒸馏剩余物，即可得多元复合物。

所述丙烯酰胺、蒸馏水、N,N-二甲基丙烯酰胺及乙二醇的质量比为（2～3）：5：（1.5～2.3）：（1.3～2.2）。

所述马来酸酐、过硫酸铵的质量比为7：1。

所述反应混合物、亚硫酸氢钠及氨丙基三乙氧基硅烷的质量比为8：4：1。

所述组合剂为柠檬酸铵、琥珀酸二异辛酯磺酸钠及甜菜碱按质量比4：5：1混合而成。

所述添加剂为磷酸二乙酯及鞣酸按质量比2：1混合而成。

产品应用　本品主要用于锅炉除垢。

产品特性

（1）本品通过添加剂中鞣酸及磷酸二乙酯对污垢内的物质进行激活，使其表面处于活跃状态，增强除垢效果，同时磷酸二乙酯在污垢表面形成一层传导层，加快污垢内电子及离子的导出，进一步提高除垢效率。

（2）本品通过组合剂中的柠檬酸铵、琥珀酸二异辛酯磺酸钠以降低附着在污垢表面的颗粒间的结合作用，使其分散开来，同时利用甜菜碱增加对锅炉缓蚀物质的分散性能，提高清洁效率。

（3）本品添加硫代碳酸钠增加对污垢中金属物质的吸附，增加污垢的溶解，缩短除垢时间。

配方 53　锅炉快速除垢剂

原料配比

原料	配比（质量份）			
	1#	2#	3#	4#
乙酸	10	15	35	10
羟基乙酸	25	15	20	25
乙醇	17	15	5	17
丁醇	8	10	5	7
8-羟基喹啉	10	8	10	10
咪唑啉类缓蚀剂	4	6	2	6
去离子水	26	31	23	25

制备方法

（1）向反应装置中加入相应质量份的乙醇中和8-羟基喹啉，机械搅拌10～20min，得到8-羟基喹啉的乙醇溶液。

（2）将相应质量份的有机酸、有机溶剂、去离子水置于搅拌器中机械搅拌10～20min，加入上述制备的8-羟基喹啉的乙醇溶液，并加入缓蚀剂，继续搅拌20～30min，即得成品溶液。

（3）将成品溶液进行装瓶、封装即得锅炉快速除垢剂。

原料介绍

所述有机酸为乙酸、羟基乙酸、柠檬酸、草酸中的一种或几种混合。

所述有机溶剂为丁醇、异丙醇的一种或两种混合。

所述缓蚀剂采用咪唑啉类缓蚀剂。

产品应用 本品主要用于锅炉快速除垢。

产品特性 本品除垢速度快，除垢效果好，制备方法简单，原料易得，成本低，使用方便，适用范围广。

配方 54 锅炉除污除垢剂

原料配比

原料	配比（质量份）					
	1#	2#	3#	4#	5#	6#
柠檬酸	5	6	8	7	10	9
甲基磺酸	6	7	9	8	10	9
磷酸三钠	10	12	15	14	16	15
三聚磷酸钠	10	1.3	15	13	16	14
琥珀酸二乙酯	3	4	6	5	6	3
聚硅酸硫酸铝	4	5	9	8	10	6
水	加至100	加至100	加至100	加至100	加至100	加至100

制备方法 将柠檬酸、甲基磺酸、磷酸三钠、三聚磷酸钠、渗透剂与聚硅酸硫酸铝混合均匀后，再加入水进行混合搅拌，然后再进行超声3～5min，即可。

原料介绍 所述渗透剂选自琥珀酸二乙酯、乙二醇单丁醚或者磺化琥珀酸二辛酯钠盐。

产品应用 本品主要用于锅炉除污除垢。

使用方法：锅炉中结垢厚度为3～4mm，使用温度为50～60℃，加入锅炉中后进行循环除垢，使用量为将以上制备得到的锅炉除垢剂与水的体积比为1∶5配成溶液，加入到锅炉中进行循环，循环流速0.5m/s。

产品特性 该除垢剂可以快速去除锅炉中的污垢，除垢时间为50～100min就可将锅炉中的污垢清除干净。

配方 55 锅炉除垢防垢剂

原料配比

原料	配比（质量份）				
	1#	2#	3#	4#	5#
柠檬酸	25	30	35	40	60

续表

原料	配比（质量份）				
	1#	2#	3#	4#	5#
盐酸	15	20	25	30	35
氯化钠	12	15	20	25	40
六偏磷酸钠	12	15	20	25	35
焦磷酸钠	8	10	12	16	25
丙烯酸	13	16	19	22	25
硝酸铵	8	11	14	18	22
氨基磺酸	8	11	13	16	19
引发剂	3	5	7	9	14
聚丙烯树脂胶结剂	4	6	9	11	16
去离子水	35	40	45	50	60

制备方法

（1）在反应釜中加入柠檬酸、盐酸、氯化钠和去离子水，反应釜内温度为35～56℃，搅拌混合 1.2～2.3h。

（2）向步骤（1）的溶液中加入六偏磷酸钠、焦磷酸钠、丙烯酸、硝酸铵和氨基磺酸，反应釜中温度升至 63～78℃，继续反应 1.1～2.8h。

（3）向步骤（2）所获溶液中添加引发剂和聚丙烯树脂胶结剂，析出沉淀。

（4）离心处理、获得固体，在 102～123℃条件下烘干即可获得除垢防垢剂。

产品应用　本品主要用于锅炉除垢防垢。

产品特性

（1）阻垢效率高，为 99.9%。

（2）药效释放周期长达 1.6 年。

（3）无毒无蚀、安全可靠、操作简便。

配方 56　锅炉水垢除垢剂

原料配比

原料	配比（质量份）		
	1#	2#	3#
水	80	100	90
苯并三氮唑	20	10	15
乙酸	30	60	40
十二烷基硫酸钠	5	10	8
硫脲	4	15	7
氟化铵	3	8	3～8
香料	0.2	0.5	0.4

制备方法 将各组分原料混合均匀即可。

产品应用 本品主要用于锅炉除垢。

产品特性

(1) 对设备安全，除垢彻底、腐蚀率低；对操作人员基本没有腐蚀性、毒性，操作简单、安全可靠；同时，本品不含有毒有害物质，经简单的中和处理后就可以排放，安全环保。产品采用固体组分，使用安全简便，对人体无损害、对设备无腐蚀、对环境无影响。

(2) 锅炉除垢剂能快速、彻底地清除各类饮水锅炉、工业锅炉内结的各种污垢，最终使锅炉内清洁干净，同时节省大量燃煤，减少环境污染，延长锅炉的使用寿命。

配方 57　锅炉防腐除垢剂

原料配比

原料	配比（质量份）		
	1#	2#	3#
椰油酯乙氧基化物	5	7	9
十二烷基苯磺酸钠	15	18	20
椰油二乙醇酰胺	2	3.5	5
乙二胺四乙酸钠	1	2	3
三乙醇胺	3	5.5	8
十二烷基磷酸酯盐	1	2	3
水	60	65	70

制备方法 将所述各原料按预先设定的配比关系，于水中搅匀，加热至 60～80℃溶解，然后冷却至室温即可。

原料介绍 所述的十二烷基磷酸酯盐为十二烷基磷酸酯钾盐或者钠盐。

产品应用 本品主要用于锅炉除垢。

使用时将本品加水稀释 100～1000 倍，加入锅炉中，浸泡 20～40min，加热至 40～50℃浸泡效果更好，然后搅拌 5～10min，污垢即会从锅炉壁上脱落，然后加清水清洗一遍即可，除垢快，整个过程不超过 1h。

产品特性 本产品选用温和的表面活性剂作为主要除垢成分，产品最终 pH 值在 7.5～8 之间，不会对锅炉造成腐蚀，而且使用时不伤害人体皮肤，提高了操作的安全性。此外本产品中添加的椰油二乙醇酰胺和椰油酯乙氧基化物对锅炉污垢具备高效溶解能力，去污快。

配方 58　锅炉锅筒保养用防锈除垢剂

原料配比

原料	配比（质量份）		
	1#	2#	3#
氨基三亚甲基膦酸	60	65	70
二己烯三胺五亚甲基膦酸钠	45	50	70
防锈剂	20	25	30
有机酸	10	15	25
二乙烯三胺五亚甲基膦酸	50	60	80
五水合硫代硫酸钠	8	12	15
黏结剂	10	15	20
非离子表面活性剂	5	6	7
缓蚀剂	3	5	6
杀菌剂	9	9.5	10
螯合剂	10	15	20
氯化钠	4	8	12
氧化钙	2	5	6
硝酸	7	9	15
乙酸	1	3	5

制备方法

（1）将氨基三亚甲基膦酸放入反应釜的内部，启动反应釜，同时加入二己烯三胺五亚甲基膦酸钠、防锈剂、有机酸和二乙烯三胺五亚甲基膦酸，将反应釜内部温度升温至35℃，继续混合40min，使其发生反应。

（2）将适量的五水合硫代硫酸钠、黏结剂、非离子表面活性剂、缓蚀剂、杀菌剂、螯合剂、氯化钠、氧化钙、硝酸和乙酸投入反应釜内部，将反应釜内部温度升高至40℃，并持续混合1h，进行反应，得到混合液。

（3）使用烘干机对步骤（2）中得到的混合液进行烘干处理，使其凝结成块。

（4）将步骤（3）中得到的凝结块进行搅碎，之后使用筛分机对其进行筛分，得到防锈除垢剂。

（5）根据产品需要，对防锈除垢剂进行包装。

原料介绍

所述防锈剂主要由盐酸、乌洛托品、十二烷基苯磺酸钠和十二烷基硫酸钠构成。

所述缓蚀剂主要由聚磷酸盐、磷酸有机物、葡萄糖酸和单宁酸组成。

产品应用　本品主要用于锅炉锅筒防锈除垢。

产品特性

（1）本品能够有效地避免除垢剂侵蚀锅炉内壁。

（2）本品可以在高温中保持稳定，不受高温的影响，且整体能够有效地对水垢进行侵蚀，除垢效果较好。

配方 59 锅炉快速清洁除垢剂

原料配比

原料		配比（质量份）					
		1#	2#	3#	4#	5#	6#
酒石酸		5	6	8	7	10	9
氨基磺酸		6	7	9	8	10	9
磷酸三钠		10	12	15	14	16	15
三聚磷酸钠		10	13	15	13	16	14
渗透剂	琥珀酸二乙酯	3	—	—	—	—	3
	乙二醇单丁醚	—	4	6	—	—	—
	磺化琥珀酸二辛酯钠盐	—	—	—	5	6	—
羧甲基纤维素钠		4	5	9	8	10	6
水		加至100	加至100	加至100	加至100	加至100	加至100

制备方法 将酒石酸、氨基磺酸、磷酸三钠、三聚磷酸钠、渗透剂与羧甲基纤维素钠混合均匀后，再加入水进行混合搅拌，然后再进行超声 3～5min，即可。

产品应用 本品主要用于锅炉快速清洁除垢。

使用方法：锅炉中结垢厚度为 3～4mm，使用温度为 50～60℃，将本品加入锅炉中进行循环除垢，使用量为将以上制备得到的锅炉快速清洁除垢剂与水的体积比为 1∶5 配成溶液，加入到锅炉中进行循环，循环流速 0.5m/s。

产品特性 该除垢剂可以快速去除锅炉中的污垢，除垢时间为 60～120min 就可将锅炉中的污垢清除干净。

配方 60 锅炉专用除垢剂

原料配比

原料	配比（质量份）		原料	配比（质量份）	
	1#	2#		1#	2#
草酸钠	6	9	过氧化苯甲酰	3	5
聚丙烯	3	7	吐温-20	4	7
甲基苯基硅氧烷支链型预聚物	2	5	纯碱	4	12
酸酐	6	8	双氧水	16	23
氧化铜	2	4	磷酸二氢钠	4	8

续表

原料	配比(质量份)		原料	配比(质量份)	
	1#	2#		1#	2#
脂肪酸二乙醇胺	2.4	3.4	去离子水	2	6
渗透剂	1.2	2.2	稳定剂	2	4.5
氨基三亚甲基膦酸	6	8	四羟基乙二胺	4.5	6.5

制备方法 将各组分原料混合均匀即可。

产品应用 本品主要用于锅炉除垢。

产品特性 本品除垢效果好，操作简单，成本低，而且不会产生腐蚀。

配方 61 锅炉管道除垢剂

原料配比

原料	配比(质量份)											
	1#	2#	3#	4#	5#	6#	7#	8#	9#	10#	11#	12#
氨基磺酸	12	14	15	12	13	15	14	15	12	15	14	12
氢氟酸	3	5	6	6	4	3	4	3	6	4	6	3
Lan-826	3	—	—	—	—	4	—	4	—	4	—	—
Lan-9001	—	4	—	3	—	—	—	—	3	—	—	3
乌洛托品	—	—	5	5	—	—	5	—	—	—	5	—
SF	—	—	—	0.1	—	0.3	—	0.3	—	0.3	—	0.1
AES	—	—	—	—	0.2	—	0.1	—	0.2	—	0.2	—
OP-7	—	—	—	—	—	—	0.2	—	—	—	—	—
OP-8	—	—	—	—	—	—	—	0.5	—	—	—	—
OP-9	—	—	—	—	—	—	—	—	0.4	—	—	—
OP-10	—	—	—	—	—	—	—	—	—	0.5	—	0.2
OP-11	—	—	—	—	—	—	—	—	—	—	0.3	—
硫酸锌	—	—	—	—	—	—	—	—	—	0.6	0.3	0.4
水	加至100	加至100	加至100	加至100	加至100	加至100	加至100	加至100	加至100	加至100	加至100	加至100

制备方法

(1) 取部分水，加入氨基磺酸及氢氟酸，加完后搅拌均匀（8～10min）。

(2) 在 (1) 中，加入酸洗缓蚀剂，加完后再搅拌均匀（8～10min）；加入质量分数 0.2%～0.5% 的硫酸锌。加入质量分数 0.1%～0.3% 的脂肪醇聚氧烷基醚或乙氧基化烷基硫酸钠，充分搅拌直至固体颗粒物溶完为止。再加入质量分数 0.2%～0.5% 的辛基酚聚氧乙烯醚，充分搅拌直至固体颗粒物溶完为止。

(3) 在 (2) 中，补加水满足 100% 要求，搅拌均匀（8～10min），即得成品。

产品应用 本品主要用于清洗各类锅炉或循环水管道内的污垢。清洗的污垢主要为锅炉或循环水管道内部的水垢、油垢及其他污物。

产品特性

（1）高效：除垢、除油污彻底，除污后金属表面可覆盖一层防二次锈蚀的锌盐保护膜。

（2）快速：清洗时间短，一般常温循环清洗只需 8～10h，若在 60℃时只需 4～5h 即可。

（3）安全：对金属碳钢腐蚀性较小，该产品无毒、无味、不易燃、不易爆。

（4）有强力渗透和扩散作用，能快速清除锅炉或循环水管道内部的污垢。

配方 62 锅炉换热器金属除垢剂

原料配比

原料	配比（质量份）				
	1#	2#	3#	4#	5#
琥珀酸	20	24	26	28	30
羟基乙酸	10	12	14	14	15
维生素	4	6	7	8	5
磷酸三钠	4	5	7	9	10
偏硅酸钠	3	4	5	6	6
六偏磷酸钠	5	6	8	9	10
脂肪醇聚乙烯醚硫酸钠	1	2	3	3	3
月桂醇聚氧乙烯醚	1	1	1	2	2
乌洛托品	1	2	3	5	5
去离子水	80	85	86	90	90

制备方法 将琥珀酸、羟基乙酸、维生素、磷酸三钠、偏硅酸钠、六偏磷酸钠、脂肪醇聚乙烯醚硫酸钠、月桂醇聚氧乙烯醚与缓蚀剂混合均匀后，再加入去离子水进行混合搅拌，然后再进行超声 3～5min，即可。

原料介绍 所述的缓蚀剂为乌洛托品、十二烷基苯磺酸钠或者苯胺。

产品应用 本品主要用于碳钢、不锈钢、合金钢、铜和铜合金等各种材质构成的大型锅炉或换热器的表面清洗除垢。

使用方法：锅炉中结垢厚度为 4mm，使用温度为 50℃，本品加入锅炉中进行循环除垢，使用量为将以上制备得到的金属除垢剂与水的体积比为 1:4 配成溶液，加入到锅炉中进行循环。

产品特性

（1）本品采用琥珀酸与羟基乙酸作为酸性溶解剂，可以很好地将金属表面的污垢进行溶解，采用脂肪醇聚乙烯醚硫酸钠与月桂醇聚氧乙烯醚作为表面活性剂，可以有效提高污渍的溶解率，磷酸三钠、偏硅酸钠与六偏磷酸钠作为金属离子螯合剂，进一步促进污垢中金属离子去除。添加维生素可以对铜金属起到很好的缓蚀效果。

（2）本品不含对不锈钢和合金钢敏感的氯离子成分，可用于碳钢、不锈钢和合金钢等各种金属材质表面的化学清洗。本品的除垢剂混合均匀后超声波处理 3～5min，有利于各个组分之间的化学基团相互配合，提高除垢效率。

配方 63　炼钢转炉余热锅炉在线高效剥垢除垢剂

原料配比

原料			配比（质量份）		
			1#	2#	3#
pH 调节剂	20％的氨水		1	—	—
	25％氨水		—	2	—
	22％的氨水		—	—	3
除氧剂			1.5	2.5	4.5
锅炉阻垢剂			10	20	30
除氧剂	肟类化合物	甲基乙基酮肟	30	—	50
		乙醛肟	—	40	—
	去离子水		70	60	50
锅炉阻垢剂	主剂		70	75	80
	三元聚合物	AMPS	10	—	—
		丙烯酸	—	11	—
		羟丙酯类聚合物	—	—	12
	缓蚀剂	HEDP	3	—	—
		ATMP	—	4	5
	高温分散剂	HPMA	1	—	3
		PAA	—	2	—
	去离子水		加至100	加至100	加至100
主剂	磷酸三钠		80	70	76
	氢氧化钠		20	30	24

制备方法

所述除氧剂的制备方法：在常温下先向反应釜中加去离子水，然后再加入肟类化合物，启动反应釜搅拌 0.5h 即得成品。

所述锅炉阻垢剂主剂的制备方法：将磷酸三钠、氢氧化钠在反应釜中搅拌 0.5～1h 混合均匀后即得主剂。

所述锅炉阻垢剂的制备方法：在常温下先向反应釜中加去离子水，并启动反应釜进行搅拌，同时升温至 50～60℃，然后再加入主剂搅拌充分溶解，缓慢加入三元聚合物搅拌 1h，再分别加入缓蚀剂和高温分散剂继续搅拌 2h 后即得成品。

产品应用　本品主要用于炼钢转炉余热锅炉在线高效剥垢除垢。

在保持炼钢锅炉补水水质稳定的情况下，在除氧器入口管道连续投加 pH 值为 9.5～11.5、浓度为 1～3mg/L 的 pH 调节剂；在除氧器入口管道连续投加 1.5～4.5mg/L 的除氧剂；在锅炉给水管连续投加 10～30mg/L 的锅炉阻垢剂。这三种药剂均为原液，其投加浓度不一样，通过 pH 调节剂调整 pH 至碱性，然后加除氧剂去除锅炉水中的氧，在碱性条件下，再加锅炉阻垢剂进行除垢。

产品特性

（1）该除垢剂既能将从给水中带入锅炉的结垢物质与所加水处理剂进行反应，从而生产悬浮颗粒，呈分散状态的软渣，通过锅炉的排污系统排出锅炉；又能在给水水质稳定的情况下，将一部分换热面已沉积硬垢清除，并通过加强排污管理工作排出系统，以缩短锅炉停产检修时间，提高锅炉的使用效率。

（2）系统中加入除氧剂，低毒、高效、速度快且具有钝化保护作用，可将高价铁、铜氧化物还原成低价氧化物，其水溶液能够在管道表面形成良好的磁性氧化物膜，对金属表面起着良好的钝化、缓蚀作用，从而有效地延缓热力设备停炉时的腐蚀。

（3）锅炉给水投加 pH 调节剂，用来中和给水中的游离二氧化碳，提高给水的 pH 值，减缓给水中二氧化碳的腐蚀，而且炉水处于碱性环境中时，可以确保加入的阻垢剂发挥最大的作用，煮炉时，调节炉水 pH 值大于 9.0，使锅炉管道进入钝化区，同时该剂也是锅炉停炉保护剂，对锅炉内有少量存水不能放出的锅炉也有较好的保护效果。

（4）系统中加入锅炉阻垢剂主要由聚磷酸盐及有机聚合物等组成，适用高、中、低压锅炉的炉内处理用，在炉水呈碱性条件下，这些大分子有机物能削弱结垢颗粒的黏结力和抑制结垢的作用，从而达到防垢的目的，并能促使老水垢疏松脱落，通过常规排污排出锅炉。

配方 64　绿色低磷环保阻垢除垢防腐除氧的锅炉处理药剂

原料配比

原料		配比（质量份）		
		1#	2#	3#
混合药剂一	去离子水	30	25	25
	S-羧乙基硫代丁二酸	20	26	33
	黄腐酸钠	10	20	8
	乙二胺四亚甲基磷酸五钠	12	15	28
	氢氧化钾	18	8	15
混合药剂二	去离子水	30	25	20
	D-异抗坏血酸钠	18	15	12
	N-异丙基羟胺	20	17	10

制备方法

(1) 先在一个反应釜内通入 10～30 份去离子水加热至 60～80℃，再依次加入 S-羧乙基硫代丁二酸、黄腐酸钠和乙二胺四亚甲基膦酸五钠，混合搅拌时间不少于 1.5h，停止加热使其温度降至 30～40℃ 时，加入氢氧化钾，搅拌时间不少于 1h，备用，得到混合药剂一。

(2) 在另一反应釜内将剩余的 20～60 份去离子水加热至 100℃，呈沸腾状后加入 D-异抗坏血酸钠和 N-异丙基羟胺，混合搅拌时间不少于 1h，停止加热密闭冷却至 30～40℃，得到混合药剂二。

(3) 把混合药剂一与混合药剂二根据水质特点以特定比例在密闭的容器中进行混合，制成锅炉处理药剂。

产品应用　本品主要用于工业锅炉循环水系统处理。

根据不同水质的配比为：

针对锅炉用水工业水：混合药剂一∶混合药剂二＝(2～5)∶(1～2)。

针对锅炉用水软化水：混合药剂一∶混合药剂二＝(2～4)∶(2～4)。

针对锅炉用水去离子水：混合药剂一∶混合药剂二＝(1～2)∶(3～4)。

产品特性

(1) 本品能清除锅炉循环水系统中已经形成的污垢，逐渐溶解在水中，陈垢效果显著。

(2) 本品各组分间具有协同增效作用，性能稳定，使用便捷。

配方 65　煤粉锅炉用除焦除垢剂

原料配比

原料	配比(质量份)	
	1#	2#
硼砂	13	23
氯化钠	10	12
柠檬酸	32	38
十二烷基苯磺酸钠	17	22
二乙醇胺	12	15
聚氧乙烯醚硫酸钠	25	28

制备方法　将各组分原料混合均匀即可。

产品应用　本品主要用于煤粉锅炉用除焦除垢剂。

产品特性　经本品处理后的锅炉将无垢无焦运行，大大减少燃料消耗；避免因锅炉结垢及焦物而产生的腐蚀、鼓包、变形、泄漏甚至爆炸等安全隐患；大大地延长了锅炉的使用寿命。

配方 66　燃气锅炉除垢剂

原料配比

原料	配比(质量份)		
	1#	2#	3#
二氧化硅	30	28	20
聚丙烯酸钠	7	8	9
亚硝酸钠	10	11	12
丹宁酸	10	8	5
三乙醇胺	6	5	4
冰乙酸	3	5	8
磷酸三钠	5	3	2
六偏磷酸钠	12	8	7
硼砂	3	4	5
乙二胺四乙酸四钠	4	5	6
十二烯基丁二酸	6	7	10

　　制备方法　将各组分原料混合均匀即可。
　　产品应用　本品主要用于燃气锅炉除垢。
　　产品特性　该除垢剂除垢效率高，可以大大提高锅炉的利用效率，同时能够长时间起到阻垢作用，有效降低锅炉的除垢维护成本。

配方 67　生物质锅炉除垢剂

原料配比

原料	配比(质量份)	
	1#	2#
柠檬酸	38	45
缓蚀剂	3	6
乙二胺四乙酸	18	23
氨基磺酸	12	15
烷基酚聚氧乙烯醚	6	8
椰油酸二乙醇酰胺	18	20
十二烷基苯磺酸	8	13

　　制备方法　将各组分原料混合均匀即可。
　　原料介绍　所述缓蚀剂为苯胺-甲醛反应物。
　　产品应用　本品主要用于生物质锅炉除垢。
　　产品特性　本品清洗后的锅炉将无垢运行，大大减少燃料消耗；避免因锅炉结垢而产生的腐蚀、鼓包、变形、泄漏甚至爆炸等安全隐患；大大地延长了锅炉的使用寿命。

配方 68　天然锅炉除垢剂

原料配比

原料	配比（质量份）			
	1#	2#	3#	4#
五倍子	25	9	10	20
贯仲	15	3	5	13
淀粉	15	6	10	12
海泡石	10	4	6	9
麦饭石	20	11	15	18
滑石粉	20	6	7	16
石墨	13	5	8	11
食盐	10	6	7	7

　　制备方法　按照上述成分混合、干燥、粉碎、过筛、混合搅拌、包装即可完成。

　　产品应用　本品主要用于锅炉除垢。

　　产品特性　该产品的性价比较高，并且该产品生产成本低，除垢能力强、无毒无蚀，安全可靠、操作方便。

配方 69　稳定的锅炉除垢剂

原料配比

原料	配比（质量份）	
	1#	2#
乙酸钠	7	10
磷酸二氢钾	2	5
分子筛	2	4
氧化镁	2	4
硬脂酸	1	4
乙酸正丁酯	4	5
三聚磷酸钠	5	7
蒸馏水	20	40
乙二醇	4	6
氯化钾	2.5	4.3
无水硫酸钠	7	9
薄荷脑	8	10
壬基酚醚磷酸甲酯乙醇胺盐	4.5	5.8

　　制备方法　将各组分原料混合均匀即可。

产品应用 本品主要用于锅炉除垢。

产品特性 本品具有很好的稳定性，可快速除垢，而且具有防腐蚀性，高效环保。

配方 70 蒸汽锅炉用节能阻垢除垢防腐复合型药剂

原料配比

原料		配比（质量份）		
		1#	2#	3#
有机组分	木质素	15	25	35
	海藻酸钠	5	15	20
	腐植酸钠	0.5	1.5	2.5
	单宁酸钠	1.5～3.5	2.5	3.5
	变性淀粉	1.5	2.5	3.5
	乙二醇衍生物	2.5	4	5.5
无机组分	氢氧化钠	2.5	4	5.5
	磷酸三钠	5	11	17

制备方法

（1）有机组分的制备：取 15～35 质量份的木质素、5～20 质量份的海藻酸钠、0.5～2.5 质量份的腐植酸钠、1.5～3.5 质量份的单宁酸钠、1.5～3.5 质量份的变性淀粉、2.5～5.5 质量份的乙二醇衍生物混合均匀，得有机组分。

（2）无机组分的制备：取 2.5～5.5 质量份的氢氧化钠、5～17 质量份的磷酸三钠混合均匀，得无机组分。

（3）将上述有机组分和无机组分混合，即得所述蒸汽锅炉用复合型药剂。

产品应用 本品主要用于蒸汽锅炉除垢、防腐。

产品特性 本产品能够吸附水中所有的盐类，暂时硬度和永久硬度物质以及含铁、氯和硅等的盐都能被吸附，沉淀污泥，离子中和，即时吸附，防止腐蚀，防止苛性脆化，可在线清除污垢。

配方 71 海水淡化装置粉状除垢剂

原料配比

原料	配比（质量份）			
	1#	2#	3#	4#
氨基磺酸	70	80	55	85
乙醇酸	15	10	20	5
柠檬酸	9.8	3	15	3

原料		配比(质量份)			
		1#	2#	3#	4#
缓蚀剂	乌洛托品	5	—	—	—
	苯并三氮唑	—	6.95	—	—
	肉桂醛	—	—	9.9	—
	苯丙咪唑烯丙基硫醚	—	—	—	6.8
甲基橙指示剂		0.2	0.05	0.1	0.2

制备方法 将各组分原料混合均匀即可。

产品应用 本品主要用于海水淡化装置，也可应用于工业循环冷却水系统和锅炉水循环系统等的水垢清洗。

使用方法：使用此除垢剂与海水或淡水配成2.5%～10%的除垢液，对海水淡化装置进行除垢清洗。室温浸没0.5～2h即可。

产品特性

（1）本品配成除垢液时显红色。除垢剂消耗85%以上时，溶液由红色变成黄色，需要更换或补加除垢剂。通过颜色变化，操作人员能够简单有效地判断更换或补加除垢剂的时间，不需要进行pH值测定，使用方便，提高工作效率。

（2）粉状产品，易于储存，节省存储空间和运输成本。

（3）能够快速有效地清除水垢，净洗率可达95%以上。

（4）可有效抑制金属的腐蚀。

（5）含颜色指示剂，能够通过颜色变化表达溶液的强度，简单有效地进行重复利用或更换操作，使用方便。

（6）无毒无磷，绿色环保，性能稳定，用量低。

（7）本品还能有效抑制金属的腐蚀，无毒无磷，绿色环保，用量低，粉状产品便于储存运输。

配方 72 环保型双效油井解堵除垢剂

原料配比

原料		配比(质量份)			
		1#	2#	3#	4#
油醇混合液	凝析油	63	300	66	62
	煤油	14	80	12	13
	正己醇	7	40	6	6
	庚醇	11	60	10	14
	AEO-9	3.5	15	4	3.5
	斯盘-40	1.5	5	2	1.5

续表

原料		配比(质量份)			
		1#	2#	3#	4#
A乳液	水	68(体积)	390(体积)	70(体积)	66(体积)
	油醇混合液	35(体积)	210(体积)	30(体积)	34(体积)
B液	水	84	410	86	83
	可溶性淀粉	0.2	1.5	0.1	0.4
	氯化铵	10	60	8	9
	乙二胺四亚甲基膦酸钠	4	10	2	9
	乙二胺四乙酸二钠	2	15	4	3
C液	水	70	340	74	71
	丙酸	6	40	4	4
	乙二胺	5	30	3	3
	氯化镁	13	50	14	15
	40g/100mL乙二醛	6	40	5	7
D液	水	95	470	96	95.5
	十二烷基苯磺酸钠	2	10	1	1.5
	OP-10	2	10	1	1.5
	甜菜碱	1	10	2	1.5

制备方法

(1) 油醇混合液的配制:反应器中,将各组分混合、搅拌溶解,得到油醇混合液。

(2) 乳液配制:在高速分散机中,将各组分在转速为1000r/min,搅拌1h,再提高转速至2000r/min,反应50min,放置过夜,得到A乳液。

(3) B液配制:反应器中,加入水、可溶性淀粉,加热煮沸,冷却至室温,再加入氯化铵、乙二胺四亚甲基膦酸钠、乙二胺四乙酸二钠,搅拌溶解,得到B液。

(4) C液配制:反应器中,加入水、丙酸、乙二胺,控制温度在(70±2)℃恒温、搅拌、反应60min,冷至室温,再加入氯化镁,搅拌、溶解,加入40g/100mL乙二醛,搅拌混匀,得到C液。

(5) D液配制:反应器中,将各组分混合,搅拌溶解,得到D液。

产品应用 本品主要用于油井解堵除垢。使用方法如下:

(1) 将温度在70~80℃的热水与A乳液、C液按体积为85:10:5混合后,用泵打入油井中,使井内充满混合液体,关井反应28~36h,将液体放出。

(2) 将温度在70~80℃的热水与B液、C液、D液按体积为65:28:6:1混合后,用泵打入油井中,使井内充满混合液体,关井反应40~45h,将液体放出,清水冲洗即可。

产品特性

（1）本品 pH 值在 6.0～7.5 之间；清洗剂及清洗的废液均呈中性，不会产生酸雾，不会腐蚀钢铁的设备结构，达到无腐蚀安全解堵除垢，中性解堵除垢剂热稳定性好，使用安全环保，适合推广。

（2）本品既可以清除抽油机井和螺杆泵井的聚合物料垢和沥青质垢，又能清除如碳酸钙、碳酸镁、硫酸钙、氧化铁等无机垢。

（3）本品不脱落垢渣和产生新的沉淀物，具有很好的络合性、分散性、渗透性和溶解性，反应物具有溶解性，不产生垢渣和二次沉淀，能有效地解决传统酸洗易脱落大渣卡泵和堵死采油井的问题，保证安全解堵。

配方 73　建筑机械设备用强力除垢剂

原料配比

原料	配比（质量份）		
	1#	2#	3#
异丙醇	8	12	10
氧化聚丙烯酯	5	10	7
次氯酸钠	20	30	25
双酚 A 型聚碳酸酯	4	8	6
苯甲酸甲酯	5	9	7
二甲基二巯基乙酸异辛酯锡	15	35	25
钝化液	4	8	6
增稠剂	2	5	3
氢氧化钙	5	7	6
亚硝酸钠	10	20	15
油酰胺	6	12	9
硬脂酰胺	5	15	10
聚乙烯	7	16	11
除油粉	6	11	9
空心玻璃微珠	8	12	10

制备方法　将各组分原料混合均匀即可。

产品应用　本品主要用于建筑机械设备除垢。

产品特性　本品中添加了除油粉和空心玻璃微珠，能够提高清洗效率，并高效清除污垢，改善了建筑机械设备的清洁程度，生产成本低廉，延长建筑机械设备的使用寿命。

配方 74　机械加工设备用除垢剂

原料配比

原料	配比（质量份）		
	1#	2#	3#
硫酸钙	11	16	13
二氧化硅	6	10	8
黏土	3	7	5
异丙醇	4	8	6
煤油	3	9	6
石炭酸	2.5	6	4.5
亚硝酸钠	3.5	8	5.5
丙酮	1.5	5	3.2
八水合氢氧化钡	1.3	6	3.8
硝酸钾	2.4	7.6	4.9
硬脂酰胺	4.6	8.7	6.4
分散剂	0.5	2.2	1.4

制备方法　将各组分原料混合均匀即可。

产品应用　本品主要用于机械加工设备除垢。

产品特性　本产品能够快速地对设备表面的污垢进行清除，同时能够延缓污垢的再次形成，防止锈蚀现象的产生，延长设备使用寿命。

配方 75　黑色金属除垢剂

原料配比

原料	配比（质量份）		
	1#	2#	3#
焦磷酸盐	1	1.2	1.5
乙二胺四乙酸钠	2	3	4
对甲苯磺酸钠	6	7	8
尿素	0.2	0.3	0.6
脂肪醇聚氧乙烯醚	4	5	6
脂肪醇聚氧乙烯醚琥珀酸酯磺酸盐	1	1	1.5
脂肪醇聚氧乙烯醚磺酸盐	2	3	5
脂肪醇聚氧乙烯醚	1	1	2
脂肪酸二乙醇胺盐	1	1	1.5
壬基酚聚氧乙烯醚	2	3	4
辛基酚聚氧乙烯醚	0.1	0.2	0.3
二乙二醇单乙醚	0.5	0.6	0.8

原料	配比(质量份)		
	1#	2#	3#
苯并三氮唑	0.1	0.1	0.2
正丁醇	5	6	8
消泡剂	5	7	8
氢氧化钾	1	1	2
水	62	70	80

制备方法

（1）在反应器内加入水，依次加入焦磷酸盐、乙二胺四乙酸钠、对甲苯磺酸钠、尿素、脂肪醇聚氧乙烯醚、脂肪醇聚氧乙烯醚琥珀酸酯磺酸盐，在微热下搅拌成均匀溶液。

（2）向步骤（1）制得的溶液中依次加入脂肪醇聚氧乙烯醚磺酸盐、脂肪醇聚氧乙烯醚、脂肪酸二乙醇胺盐、壬基酚聚氧乙烯醚、辛基酚聚氧乙烯醚、二乙二醇单乙醚、苯并三氮唑、正丁醇，每加一种物料搅拌30min。

（3）将消泡剂与水混合后加入步骤（2）制得的溶液中，搅拌1h，再加入氢氧化钾，调节溶液pH值为8~12，经过滤后制得所述黑色金属除垢剂。

产品应用　本品主要用于黑色金属除垢。

产品特性　本产品原料易得，配比及工艺科学合理，制得的黑色金属除垢剂清洗性能佳，为弱碱性，对人体无毒无害；不腐蚀金属，简单处理即可达标排放，易生化降解，可广泛用于黑色金属等精密器械的清洗除垢，能有效去除表面油污及其他杂质。

配方 76　金属表面清洗除垢剂

原料配比

原料	配比(质量份)	原料	配比(质量份)
碳酸钠	15	磷酸钠（晶体）	7.8
三聚磷酸钠	40	五水硅酸钠	7
磷酸酯	2	去垢剂混合物	6
六水合三聚磷酸钠	10	粉状三聚磷酸钠	10
壬基酚乙氧基化合物	2		

制备方法　把碳酸钠和三聚磷酸钠先混合；然后缓慢地加入磷酸酯，边加边搅拌，直到溶解均匀为止；然后加入六水合三聚碳酸钠；再加入壬基酚乙氧基化合物，边加边搅拌得混合物；将混合物干燥；添加磷酸钠（晶体）、五水硅酸钠和去垢剂混合物，并且边加边搅拌；最后加入粉状三聚磷酸钠。

产品应用　本品主要用于金属表面清洗除垢。

产品特性　本产品在使用过程中无毒无味，清洗效果好。

配方 77 金属除垢剂

原料配比

原料	配比（质量份）	原料	配比（质量份）
十二烷基二甲基苄基氯化铵	0.621	渗透剂 JFC	0.75
氨基磺酸	7.94	水	40.43
六亚甲基四胺	1.26		

制备方法 将各组分原料混合均匀即可。

产品应用 本品主要用于金属除垢。

使用方法：污垢厚度≤2.5mm，加入上述金属除垢剂，其质量为被除垢器具的容积水质量的 4.5％～5.7％；在此基础上，污垢厚度每增加 0.5mm，金属除垢剂的加入量增加 1.8％～2.2％。

按所述比例加入金属除垢剂之后，同时进行搅拌和浸泡操作，所述的浸泡时间超过 200min，所述的搅拌速度在前 60min 内控制为 20r/min，此阶段可以将被除垢器具里的溶液混合均匀，并与金属污垢进行初步的反应；所述的搅拌速度在第 60～140min 内控制为 40r/min，此阶段加快了搅拌的速度，可以增加被除垢器具里的溶液与金属污垢的接触，并与金属污垢进行进一步的反应；所述的搅拌速度在第 140min 后控制为 25r/min，此阶段可以将被除垢器具里的溶液与金属污垢的反应进行充分，确保除垢的效果。在浸泡的过程中，如水垢的厚度或是密度加厚，还可以根据实际情况适当改变搅拌的转速和浸泡的时间，可以增加金属除垢试剂的量以及升温、加压等操作。

产品特性 本产品根据实际情况可以改变其使用方法，除垢效果好，不会产生有害物质，不会对被除垢器具造成伤害性的腐蚀，即损害很小，安全实用。

配方 78 金属电声化快速除油除锈除垢剂

原料配比

原料	配比（质量份）	
	1#	2#
碳酸氢钠	10	12
氢氧化铁	8	10
氢氧化铜	5	8
氢氧化钠	4	5
碳酸钠	3	5
硫酸铝	4	5
氢氧化铝	2	3
硫酸镁	3	5

续表

原料	配比(质量份)	
	1#	2#
碳酸镁	4	5
氨基磺酸铵	5	8
硼酸	2	3
磷酸	5	6
甲磺酸	2	3
烷基糖苷	1	3
甘露糖	3	4
十六烷基三甲基溴化铵	2	3
四丁基溴化铵	5	6
纯净水	20	25

制备方法 将各组分原料混合均匀即可。

产品应用 本品主要用于金属电声化快速除油、除锈、除垢。

产品特性 本产品能快速地同时除去油脂、锈蚀物和水垢等，使用方便、安全无污染，有利于环境的保护。

配方 79 金属镀锌件除垢剂

原料配比

原料	配比(质量份)				
	1#	2#	3#	4#	5#
JFC渗透剂	15	12	20	14	18
OP-10乳化剂	5	10	4	6	4
HEDTA	—	10	—	—	—
EDTA	13	—	—	—	—
DTPA	—	—	—	12	—
三偏磷酸钠	—	—	11	—	—
草酸钠	—	—	—	—	13
柠檬酸	5	4	8	6	7
亚硝酸钠＋苯甲酸铵	10	—	—	—	—
邻苯二甲酸二丁酯	—	8	—	—	—
硫脲	—	—	—	9	—
硝基甲烷	—	—	7	—	—
甲苯硫脲	—	—	—	—	11
盐酸	5	8	4	4	7
水	47	50	46	49	40

制备方法 将全部原料混合完毕后，再搅拌 20～30min 即可得成品。

产品应用 本品主要用于金属镀锌件除垢。

在用此清洗剂对金属镀锌件进行清洗时，只需将金属镀锌件浸入到该清洗剂中，进行清洗，除垢反应达到要求的程度后，取出进行冲洗、干燥即可。

产品特性 本产品对金属镀锌件有良好的清洗效果，能够将除油、除锈、除垢和除氧化皮四项功能一次完成，简化工作程序，节约人力物力，缩短清洗流程，加快处理时间，提高工效。

配方 80 金属快速除垢清洗剂

原料配比

原料		配比（质量份）			
		1#	2#	3#	4#
清洗剂	固体除锈剂	30	—	—	—
	磷酸三钠	10	—	20	—
	氢氧化钠	—	55	—	60
	葡萄糖酸钠	—	15	—	15
	三聚磷酸钠	—	15	—	10
	硫酸钠	—	10	10	9
	氨基磺酸	5	—	—	—
	烷基酚聚氧乙烯醚	4	4	7	5
	二甲基硅油	1	1	3	1
	硫酸氢钠	—	—	10	—
水		950	90	80	80
清洗剂		50	10	20	20

制备方法 将各组分原料混合均匀即可。

产品应用 本品主要用于金属快速除垢清洗。使用时将清洗剂配制成浓度为 10%～20% 的水溶液置于清洗槽中；将清洗件与阴极连接，然后在其中导入电流及超声波进行清洗。

导入的电流为 18V 以下的低压直流电或 36V 以下的交流电，电流密度为 5～30A/dm^2；导入的超声波频率为 30～50kHz，超声波强度为 0.5～2W/cm^2，清洗时间为 30s～5min。采用本产品进行清洗时，可根据污垢的轻重情况，选择工艺条件，污垢较轻时选其下限，较重时选其上限，总之，在污垢状况相同时，上限工艺条件清洗速度快，下限较慢，一般清洗时间在 30s～5min。

1# 酸性清洗剂用于钢铁件的清洗。2# 碱性清洗剂用于铝及铝合金件的清洗。3# 中性清洗剂用于锌和锌合金及精密钢铁件的清洗。4# 碱性清洗剂用于钢铁件的清洗。

产品特性

（1）本产品清洗方法集化学清洗、电解清洗、超声波清洗于一体，可以快速地同时除去金属表面的油脂、锈蚀物和水垢，并可根据金属基体的不同选用酸性、碱性、中性的清洗剂。如钢铁可采用酸性和碱性清洗剂，铝及铝合金可采用碱性清洗

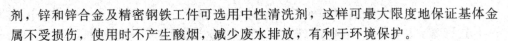

剂，锌和锌合金及精密钢铁工件可选用中性清洗剂，这样可最大限度地保证基体金属不受损伤，使用时不产生酸烟，减少废水排放，有利于环境保护。

（2）本产品适用于不同金属表面，能快速地同时除去油脂、锈蚀物和水垢，而且本清洗剂配制的初始状态为固体粉末状，故其包装、运输方便。

（3）本产品制作方法简便，使用安全，无污染，有利于环境的保护。

配方 81　金属设备用除垢剂

原料配比

原料	配比（质量份）		
	1#	2#	3#
椰油酰胺丙基甜菜碱	10	20	15
碳酸钠	6	9	7.5
柠檬酸	4	6	5
硅酸铝纤维	1	3	2
稀释剂	1.5	3	2.2
氨基磺酸	9	15	12
聚苯乙烯磺酸钠	1.2	2.6	2
乙醇	3	7	5
聚丙烯酸钠	2	6	4
三巯基三嗪三钠盐	2.5	7	5.5

制备方法　将各组分原料混合均匀即可。

产品应用　本品主要用于金属设备除垢。

产品特性　本产品能够清除设备表面以及内部的污垢，清洗效果好，并且在表面形成一个保护层，能够延缓污垢的再次形成，使用寿命长。

配方 82　金属表面常温快速清洗除垢剂

原料配比

原料	配比（质量份）		
	1#	2#	3#
水	18	16	20
乌洛托品	2	4	5
硫氰酸钠	0.8	2	5
若丁	0.5	3	5
苯胺	2	5	4
盐酸	70	60	80
烷基糖苷	2	1	5
羟基亚乙基二膦酸	1	2	2

制备方法

(1) 按质量份称取各原料。

(2) 将乌洛托品、硫氰酸钠、若丁、苯胺、盐酸、表面活性剂、阻垢剂依次置于容器中，加入水，加热并搅拌，使充分溶解；加热温度为 40～70℃。搅拌速度为 100～300r/min。

(3) 冷却至室温，即可。

原料介绍 所述表面活性剂为烷基糖苷。所述阻垢剂为羟基亚乙基二膦酸。

产品应用 本品主要用于金属表面常温快速清洗除垢。

产品特性 本品的金属表面常温快速清洗除垢剂生产成本低，容易配制，使用方便，能够在常温下将金属表面污垢快速除去，对金属构件表面无腐蚀，使用范围广。

配方 83 金属表面除垢剂

原料配比

原料	配比(质量份)	原料	配比(质量份)
氨基硅油	12	过氯乙烯树脂	20～40
二甲基硅油	12	苯胺黑	2
氯丁胶	4	磷酸三钠	4
氢氧化钠	8	碳酸钠	8
甲基纤维素	6	五氯酚钠	6
硬脂酸	5		

制备方法 将各组分加入反应器中，加热至 80℃ 并搅拌减压蒸馏反应 6h 后即成。

产品应用 本品主要用于金属表面除垢。

产品特性 本品喷洗效果好，能有效去除金属上的油污，使得表面光亮。

配方 84 金属表面清洗除垢剂

原料配比

原料	配比(质量份)				
	1#	2#	3#	4#	5#
丙烯酸	20	24	26	28	30
羟基乙酸	10	12	14	14	15
磷酸三钠	4	5	7	9	10
偏硅酸钠	3	4	5	6	6
六偏磷酸钠	5	6	8	9	10
脂肪酸聚乙烯醚硫酸钠	1	2	3	3	3

续表

原料		配比（质量份）				
		1#	2#	3#	4#	5#
月桂醇聚氧乙烯醚		1	1	1	2	2
缓蚀剂	乌洛托品	1	—	—	—	5
	十二烷基苯磺酸钠	—	2	—	5	—
	苯胺	—	—	3	—	—
去离子水		80	85	86	90	90

制备方法　将丙烯酸、羟基乙酸、磷酸三钠、偏硅酸钠、六偏磷酸钠、脂肪酸聚乙烯醚硫酸钠、月桂醇聚氧乙烯醚与缓蚀剂混合均匀后，再加入水进行混合搅拌，然后再进行超声3～5min，即可。

产品应用　本品主要用于碳钢、不锈钢、合金钢、铜和铜合金等各种材质构成的大型锅炉或换热器的表面清洗除垢。

使用方法：锅炉中结垢厚度为3mm，使用温度为50℃，将本品加入锅炉中进行循环除垢，使用量为将以上制备得到的金属表面清洗除垢剂与水的体积比为1∶4配成溶液，加入到锅炉中进行循环。

产品特性

（1）本品不含对不锈钢和合金钢敏感的氯离子成分，可用于碳钢、不锈钢和合金钢等各种金属材质表面的化学清洗。本品的除垢剂混合均匀后超声波处理3～5min，有利于各个组分之间的化学基团相互配合，提高除垢效率。

（2）该除垢剂清洗温度低．可以快速去除金属表面的污垢，并且金属几乎无腐蚀。

配方 85　金属软管用除垢剂

原料配比

原料		配比（质量份）				
		1#	2#	3#	4#	5#
表面活性剂	十二烷基二甲基苄基氯化铵	5	6	7	8	10
聚乙二醇	聚乙二醇600	2	2.2	2.3	2.6	3
缓蚀剂	铜缓蚀剂巯基苯并噻唑MBT	2	2.7	2.7	3.4	4
渗透剂	琥珀酸烷基酯磺酸钠	1	1.4	1.5	2.3	3
硼酸钠		0.5	0.6	0.8	0.8	1
氧化铝	纳米氧化铝	0.5	0.7	0.9	0.9	1
水		2	2.5	2.8	3.4	4
无水乙醇		5	6	7	9	10

制备方法

（1）取表面活性剂、水、无水乙醇、聚乙二醇，混合，得到混合物一。

（2）取缓蚀剂、渗透剂、硼酸钠和氧化铝，加入到混合物一中，升温至 40～50℃，搅拌 30～40min，即得。

产品应用 本品主要用于金属软管除垢。

使用方法：选择的金属管中结垢厚度为 3～6mm，使用温度为 50～60℃，本品使用量为 30mL/m³，使用时将其配制为浓度 10% 的水溶液加至金属软管中浸泡。

产品特性

（1）该除垢剂能够有效地去除管道中长期存留的水垢，去垢能力强，不对管道造成二次伤害，还能使管道具有长时间的阻垢功能。

（2）本品除垢时间在 40～50min，除垢后阻垢时间在 200～250 天。

配方 86　金属设备用除垢剂

原料配比

原料	配比（质量份）	原料	配比（质量份）
甜菜碱	15	聚乙烯醇	14
苯并三氮唑	7	硅酸铝纤维	10
脂肪醇聚氧乙烯醚	4	乙醇	15
二甲苯磺酸钠	8	水	10

制备方法 将各组分原料混合均匀即可。

产品应用 本品主要用于金属设备除垢。

产品特性 本品除垢效果优秀，且原料成本低廉，易于推广。

配方 87　空调循环水除垢剂

原料配比

原料	配比（质量份）		
	1#	2#	3#
丙二醇	10	25	40
氨基磺酸	40	70	88
柠檬酸	20	35	50
草酸	10	30	50
碳酸钠	300	400	600
六偏磷酸钠	10	22	40
苯胺	2	8	15

制备方法 将上述物料加入到反应釜中，加热至 90℃，同时搅拌均匀，再保温 2h，然后降温至常温，取出灌入模具凝固成型，即可制得成品。

产品应用 本品主要用于空调循环水除垢。

产品特性 本品配方简单，原料易购，除垢效果好且不伤皮肤，降低了综合成本。

配方 88 空压机冷却器除垢剂

原料配比

原料	配比（质量份）			
	1#	2#	3#	4#
氨基磺酸	29	33	32	30
硝酸铵	26	28	28	31
氯化钠	23	17	21	22
柠檬酸	7	6	4	5
食盐	14	9	11	8
氯化铵	13	11	10	9
水	89	89	93	95

制备方法 首先将氨基磺酸和柠檬酸加入水中搅拌 23～25min，使其充分混合制成底液备用，然后将硝酸铵、氯化钠、氯化铵和食盐放入粉碎机中进行破碎和混合，最终形成 120～135 目大小的混合物颗粒，最后将加工好的混合物颗粒置入底液中，搅拌 23～29min，待其充分溶解后，静置 65～75min，即可灌装入瓶。

产品应用 本品主要用于空压机冷却器除垢。

产品特性

（1）整个技术方案操作简单可靠，成本较低，有利于企业降低生产成本。

（2）该法所制成品，无毒，无污染，除垢效果突出，原料中所含的柠檬酸可以促进水垢发酵变松软，减小其与箱体内壁间的附着力，利于后期的除垢作业，同时，食盐对除垢剂还可以起到还原和再生作用，在使用过本品后，可以长时间抑制水垢的再生，进而有效地提高设备的使用寿命。

（3）本品对人体无害，可长期使用，并适宜大范围推广。

配方 89 冷凝设备水垢除垢剂

原料配比

原料		配比（质量份）				
		1#	2#	3#	4#	5#
溶解剂	草酸与冰乙酸混合物（1∶2）	15	—	—	—	—
	草酸与冰乙酸混合物（1∶1）	—	15	—	—	—
	草酸与冰乙酸混合物（1∶0.5）	—	—	15	15	—
	草酸	—	—	—	—	20
渗透剂	磺化琥珀酸二辛酯钠盐	3	3	3	3	3

原料		配比(质量份)				
		1#	2#	3#	4#	5#
缓蚀剂	乌洛托品	4	—	—	—	4
	苯胺	—	4	—	—	—
	若丁	—	—	4	—	—
	二乙基硫脲	—	—	—	4	—
助溶剂	乙酰胺	20	20	20	20	20
	氨基苯甲酸	—	—	—	—	—
纯化水		30	30	30	30	30
乙醇		加至100	加至100	加至100	加至100	加至100

制备方法　将各组分原料混合均匀即可。

产品应用　本品主要用于冷凝设备除垢。除垢方法：按照处方量将有机酸混合物、渗透剂、缓蚀剂、助溶剂及纯化水混合均匀，加热至 30～60℃，然后加入到冷凝器中，采用浸泡和循环相结合的反复清洗方式进行清洗。所述浸泡时间为30～90min。所述循环时间为1～5h。所述清洗时间根据冷凝器的水垢情况来定，一般在 24～48h 之间。

产品特性

（1）本品具有强大的除垢能力和较快的除垢速度，在清洁剂足量的情况下，能够完全溶解水垢。在正确的使用条件下，清洗周期约在48h 以内。

（2）本产品对设备的腐蚀小，对设备没有任何不良影响。

（3）本产品的应用可以有效解决中药提取浓缩设备的冷凝器内水垢黏附问题。在很大程度上为药品生产类的企业节约大量的清洁费用，提高了设备运行水平、能源利用水平和生产效率，大幅度降低了生产产品的成本。

配方90　冷轧薄板除垢剂

原料配比

原料		配比(质量份)				
		1#	2#	3#	4#	5#
脂肪醇聚氧乙烯醚	JFC 渗透剂	10	11	9	8	12
烷基酚聚氧乙烯醚	乳化剂 OP-10	10	9	11	12	9
六亚甲基四胺		7	8	9	5	6
金属络合剂	EDTA	6	—	—	8	5
	HEDTA	—	7	—	—	—
	二乙醇胺	—	—	5	—	—
柠檬酸		2	3	1	1	4
草酸		10	9	11	12	9

续表

原料		配比(质量份)				
		1#	2#	3#	4#	5#
缓蚀剂	硫脲	10	—	—	—	—
	亚硝酸钠	—	9	—	—	—
	苯并三氮唑	—	—	8	—	—
	钼酸铵	—	—	—	12	9
盐酸		2	2.5	2	1.5	3
水		43	41.5	44	40.5	43

制备方法　将全部原料加料完毕后，再搅拌 20～30min 后即可得成品。

产品应用　本品主要用于冷轧薄板除垢。在用此除垢剂对冷轧薄板进行清洗时，只需将冷轧薄板浸入到该除垢剂中，进行清洗，除垢反应达到要求的程度后，取出进行冲洗、干燥即可。

产品特性　本产品对冷轧薄板有良好的清洗效果，能够将除油、除垢和除氧化皮三项功能一次完成，简化工作程序，节约人力物力，提高工效。

配方 91　硫化物垢除臭除垢钝化剂

原料配比

原料	配比(质量份)				
	1#	2#	3#	4#	5#
乌洛托品	8	6	9	7	7
柠檬酸钾	6	7	5	8	5
过氧化双月桂酰	4	5	2	3	5
碳酸钾	17	15	16	20	18
硅酸钠	4	6	5	5	5
十二酰天冬氨酸	12	12	11	13	14
乙二酸钾	6	7	8	5	7
油醇硫酸酯钠	5	4	6	5	5
脂肪醇聚氧乙烯醚	6	8	6	5	6
双月桂酰酒石酸酯	9	7	10	11	7
聚丙烯乙二醇	8	9	9	10	10
甲基丙烯酸钠	3	5	2	4	3
双十二烷基乙氧基二硫酸酯钠	8	6	7	8	9
羧酸钾	13	14	15	11	12
羟乙基乙二胺	5	7	4	6	6
硬脂醇硫酸酯钠	6	5	6	8	8

制备方法

(1) 将油醇硫酸酯钠、脂肪醇聚氧乙烯醚、聚丙烯乙二醇与双十二烷基乙氧基二硫酸酯钠在反应釜中搅拌，搅拌速度为 120～150r/min，搅拌时间为 30～

40min，搅拌至均匀后得均匀膏状物。

（2）将十二酰天冬氨酸、乙二酸钾、甲基丙烯酸钠、羧酸钾、羟乙基乙二胺、硬脂醇硫酸酯钠用锥形混合搅拌机混合搅拌至均匀，搅拌速度为 $120\sim180r/min$，搅拌时间为 $40\sim60min$，过 20 目筛，制得均匀的络合型表面活性剂混合粉末，即为第一粉末。

（3）将乌洛托品、柠檬酸钾、过氧化双月桂酰、碳酸钾、硅酸钠与双月桂酰酒石酸酯用锥形混合搅拌机搅拌，搅拌速度为 $120\sim180r/min$，搅拌时间为 $40\sim60min$，过 20 目筛后，制得第二粉末。

（4）将制得的均匀膏状物、第一粉末、第二粉末，用锥形混合搅拌机混合搅拌，搅拌速度为 $120\sim180r/min$，搅拌时间为 $40\sim60min$；在混合搅拌过程中会发生中和放热反应，反应温度会上升到 50℃ 左右，体积会膨胀 $15\%\sim20\%$；待反应温度降到常温时，即制成硫化物垢除臭除垢钝化剂。

产品应用　本品主要用于石油化工、矿山、冶金行业在生产过程中产生的硫化亚铁垢、含硫污垢、有机物料垢、沥青垢与油垢等的化学清洗除垢，也能用于对含硫废水、废气的除臭和钝化处理。

使用方法：对硫化物除臭钝化时，根据设备污垢的程度，用水配制成 $0.5\%\sim2\%$ 的水溶液，对设备污垢进行除臭、分解及钝化处理。

产品特性

（1）本除臭除垢钝化剂选择多种氧化剂，含羟基、氨基、羧酸基等不同类型官能团的络合剂，复配成具有协同效应的多羧酸盐型络合剂，能有效地除去 FeS 垢，并能快速对含硫污水进行氧化分解除臭，仅在 5min 内彻底去除水中硫化物和设备空间中的硫化物臭味。

（2）本除臭除垢钝化剂具有良好的清洗效果：对硫化亚铁难溶垢的除垢率大于 98%，可见设备的金属本色。为了使设备达到更好的防腐效果，在除臭除垢钝化剂中添加了高效氧化剂，在络合清洗 FeS 垢的同时，使设备金属表面形成一层牢固而致密的浅灰色保护膜，便于设备检修，从而保证被化学清洗后的设备大大提高传质传热效率，降低能耗，达到安全生产的目的。

配方 92　硫化物垢除垢除臭钝化剂

原料配比

原料	配比（质量份）				
	1#	2#	3#	4#	5#
乌洛托品	7	5	8	6	7
柠檬酸钠	5	7	5	4	4
过氧化双月桂酰	4	6	3	5	5
碳酸钠	18	16	17	20	19
硅酸钠	4	5	3	4	5

续表

原料	配比(质量份)				
	1#	2#	3#	4#	5#
十二酰天冬氨酸	8	10	9	11	10
乙二酸钾	5	6	7	6	4
聚乙二醇	4	3	5	5	4
烷基酚聚氧乙烯醚	4	5	5	3	4.5
双月桂酰酒石酸酯	7	7	6	8	9
磺基琥珀酸	10	11	9	10	10
甲基丙烯酸钠	2	2	3	2	1
月桂胺	7	8	9	6	9
羧酸钠	12	10	11	13	10
羟乙基乙二胺	3	4	2	3	3
鲸蜡醇硫酸酯钠	5	4	6	6	5

制备方法

(1) 将聚乙二醇、烷基酚聚氧乙烯醚、磺基琥珀酸与月桂胺在反应釜中搅拌，搅拌速度为 120～150r/min，搅拌时间为 30～40min，搅拌至均匀后得均匀膏状物。

(2) 将十二酰天冬氨酸、乙二酸钾、甲基丙烯酸钠、羧酸钠、羟乙基乙二胺与鲸蜡醇硫酸酯钠用锥形混合搅拌机混合搅拌至均匀，搅拌速度为 120～180r/min，搅拌时间为 40～60min，过 20 目筛，制得均匀的络合型表面活性剂混合粉末，即为第一粉末。

(3) 将乌洛托品、柠檬酸钠、过氧化双月桂酰、碳酸钠、硅酸钠与双月桂酰酒石酸酯用锥形混合搅拌机搅拌，搅拌速度为 120～180r/min，搅拌时间为 40～60min，过 20 目筛后，制得第二粉末。

(4) 将制得的均匀膏状物、第一粉末与第二粉末用锥形混合搅拌机混合搅拌，搅拌速度为 120～180r/min，搅拌时间为 40～60min；在混合搅拌过程中会发生中和放热反应，反应温度会上升到 50℃左右，体积会膨胀 15%～20%；待反应温度降到常温时，即制成硫化物垢除垢除臭钝化剂。

产品应用　本品主要用于石油化工、矿山、冶金行业在生产过程中产生的硫化亚铁垢、含硫污垢、有机物料垢、沥青垢、油垢的化学清洗除垢。

产品特性

(1) 本钝化剂选择多种氧化剂，含羟基、氨基、羧酸基等不同类型官能团的络合剂，复配成具有协同效应的多羧酸盐型络合剂，能有效地除去 FeS 垢，并能快速对含硫污水进行氧化分解除臭，仅在 5min 内彻底去除水中硫化物和设备空间中的硫化物臭味。本钝化剂具有很强的络合铁离子的能力，对 FeS 垢去除速度快，一般 4h 除垢率大于 98%，腐蚀率小于 $0.2g/(m^2 \cdot h)$。

(2) 本品对硫化亚铁难溶垢的除垢率大于 98%，清洗后可见设备的金属本色。在络合清洗 FeS 垢的同时，使设备金属表面形成一层牢固而致密的浅灰色保护膜，便于设备检修，从而保证被化学清洗后的设备大大提高传质传热效率，降低能耗，达到安全生产的目的。

配方 93　煤气热水器除垢剂

原料配比

原料	配比（质量份）		
	1#	2#	3#
羧甲基纤维素	10	18	25
磷酸二氢钠	5	12	20
二氧化锡	3	8	12
苯并三氮唑	1	3	5
聚丙烯酸钠	2	6	10
烷基醇酰胺磷酸酯	10	16	25
氟化铵	1	5	9
氨基磺酸	15	30	45
聚醚醇	5	19	30

制备方法　将上述物料加入到反应釜中，加热至90℃，同时搅拌均匀，再保温2h，然后降温至常温，取出灌入模具凝固成型，即可制得成品。

产品应用　本品主要用于煤气热水器除垢。

产品特性　本品配方简单，原料易购，除垢效果优异且不伤皮肤，综合成本低。

配方 94　镁合金碱性除垢剂

原料配比

原料		配比（质量份）			
		1#	2#	3#	4#
复合碱		170	200	240	280
络合剂		35	50	30	20
活化剂		13	10	8	14
缓蚀剂	硝酸钠	45	30	—	—
	苯并三氮唑	—	—	50	—
	尿素	—	—	—	25
	脱附剂	1	3	2	4
	亚硝酸钠	—	20	—	—
	尿素	—	10	—	—
	水	加至1000	加至1000	加至1000	加至1000

续表

原料		配比(质量份)			
		1#	2#	3#	4#
复合碱	氢氧化钠	130	—	—	50
	氢氧化钾	—	150	—	190
	碳酸钾	40	—	30	—
	硅酸钠	—	30	100	—
	硅酸钾	—	—	110	40
	碳酸钠	—	20	—	—
络合剂	葡庚糖酸钠	20	15	25	—
	EDTA 二钠	—	30	—	16
	植酸	15	—	—	—
	聚丙烯酰胺	—	5	—	—
	二巯基丙烷磺酸钠	—	—	—	4
	苯酚磺酸	—	—	5	—
活化剂	氟化钾	8	—	—	—
	氟化氢铵	—	—	4	—
	氟硼酸钠	—	—	4	3
	四乙烯五胺	—	—	—	11
	氟化钠	—	—	—	—
	三乙醇胺	5	—	—	—
	氨水	—	4	—	—
脱附剂	烷基糖苷(阿克苏公司的 AG6202)	0.6	—	—	2.5
	甜菜碱	—	1	—	—
	AEO-7	—	2	—	1.5
	EO-PO 聚合物(BL240,索尔维公司)	0.4	—	0.5	—
	二乙二醇单丁醚	—	—	1.5	—

制备方法 将各组分原料混合均匀即可。

产品应用 本品主要用于镁合金除垢。

产品特性

(1) 本品通过调整镁合金碱性除垢剂中络合剂、活化剂、缓蚀剂和脱附剂的比例,并通过超声波的作用使镁合金表面的灰膜产生均匀脱附,裸露出白色的金属基材表面,基材表面均匀,没有腐蚀花斑和残余灰膜存在,在这层表面进行后续的沉锌电镀,可以提高基材与镀层的结合力。

(2) 本品在除垢过程中不产生任何有害气体,有利于保护环境和人体健康,其可以采用电镀铜-镍-铬工艺进行后续电镀生产，形成的电镀层与基体结合力更佳。

配方 95　暖气管道专用化学除垢剂

原料配比

原料	配比（质量份）		
	1#	2#	3#
非离子表面活性剂	6	7	8
焦磷酸二氢二钠	6	8	10
磷酸	10	11	12
三油醇磷酸酯	6	7	8
石灰石	6	8	10
泡花碱	15	20	25
粉状肥皂	6	7	8
双氧水	10	15	20

制备方法　将各组分原料混合均匀即可。

产品应用　本品主要用于暖气管道除垢。

产品特性

（1）配方合理，无防腐剂，无添加，具有除菌效果。

（2）降低成本，不会伤害人体皮肤，气味清新，除垢效果好。

（3）本品无腐蚀、无毒、无任何残留。

配方 96　排水管道除垢剂

原料配比

原料	配比（质量份）		
	1#	2#	3#
十二烷基肌氨酸钠	8	12	16
氢氧化钠	6	10	11
聚丙烯酰胺	8	9	14
聚马来酸酐	5	7	9
羟基亚乙基酸	3	6	7
五倍子酸	3	7	9
苯二酚	7	6	11
次氯酸盐	2	3	5
柠檬酸	2	3	4

制备方法　将十二烷基肌氨酸钠、氢氧化钠、聚丙烯酰胺和聚马来酸酐进行混合搅拌，然后过滤，得到小分子物质，然后在小分子物质中加入羟基亚乙基酸、五倍子酸、苯二酚、次氯酸盐和柠檬酸，加热反应 20～30min，加热温度为 60～

85℃，然后静置过滤，得到成品。

产品应用 本品主要用于马桶、洗面池、浴盆、地漏、洗菜盆等各种生活用具的排水管道的清洁。

产品特性 本品原料成本低廉，制备方法简单，能够有效地去除排水管道中积蓄的污垢，效果稳定，去污能力强，不对管道造成二次伤害，减少排水管道的细菌滋生。

配方 97 强力除垢剂

原料配比

原料		配比（质量份）		
		1#	2#	3#
硫酸	质量分数为97%	60	—	—
	质量分数为95%	—	50	—
	质量分数为98%	—	—	70
萘二甲酸		30	20	40
N-乙基乙醇胺		45	25	65
水		95	80	110
山梨醇酐单油酸酯		25	15	35
甲基异丁基酮		60	40	80
3-苯基丙醛		55	45	65
助剂	脂肪醇聚氧乙烯醚	6	—	9
	聚氧化乙烯油酸酯	—	3	—

制备方法 将硫酸、萘二甲酸、N-乙基乙醇胺、水搅拌均匀，依次加入山梨醇酐单油酸酯、助剂、3-苯基丙醛，混合均匀，最后加入甲基异丁基酮，即可。

产品应用 本品主要用于强力除垢。

产品特性 本品的除垢时间短，仅 13～16min 便可以清除锈垢，而不加山梨醇酐单油酸酯的除垢剂清除时间明显延长，说明本品清除锈垢能力强，能够很快清除锈垢。

配方 98 强力通用除垢液

原料配比

原料	配比（质量份）			
	1#	2#	3#	4#
磷酸三钠	7	5	5	5
硅酸钠	3	2	1	2
磷酸	12	9	15	10

续表

原料	配比（质量份）			
	1#	2#	3#	4#
六亚甲基四胺（乌洛托品）	1.5	1	1.5	1.2
烷基酚聚氧乙烯醚（TX-10）	1.5	1	1.5	1.2
氯化镍	2	3	3	2
柠檬酸	4	3	5	3.5
高分子复合增效活性剂	1.5	1	1.5	1
水	加至100	加至100	加至100	加至100

制备方法 将各原料组分混合后搅拌均匀，即得到强力通用除垢液。

产品应用 本品主要用于强力除垢。

使用方法如下：

（1）应用到循环水管道、冷却塔、中央空调、注塑机、空压机、热交换器时，需看看循环管道有没有泄漏现象，再按比例将除垢剂加入到循环水系统中，进行循环清洗，并定时测量 pH 值，注入新水反复清洗 2～3 遍。

（2）对于粘在表面的水垢等物质，可采用喷淋清洗法，先将除垢剂喷在要洗的地方，再用刷子将其刷净。

（3）对不锈钢或其他金属焊缝的黑色氧化皮可先涂抹 ES-122，等候 2～3min 后用钢丝刷搓刷，再用本除垢剂清洗干净。

产品特性 本品由强力渗透剂、高效缓蚀剂等组成，特别对碳酸盐水垢、硫酸盐水垢、矿物质和铁锈泥合物及其他沉淀物等，均有很好的清洗效果，并且无腐蚀作用，用量少，经济实惠。溶液中不含任何强酸、卤素、各种油类物质，对人体无刺激、无毒、无腐蚀、无挥发、不燃不爆，对环境无污染，使用安全可靠，操作简便。

配方 99　汽车发动机冷却系统的阻垢除垢剂

原料配比

原料	配比（质量份）					
	1#	2#	3#	4#	5#	6#
石油磺酸钠（无机盐含量≤0.5%）	40	35	45	40	40	40
咪唑啉磷酸酯	40	35	45	40	40	40
三乙醇胺	1	0.5	1.5	1	—	—
二乙醇胺	—	—	—	—	1	—
单乙醇胺	—	—	—	—	—	1
硫代乙酰胺	0.1	0.08	0.12	0.1	0.10	0.10
甲醇	7.56	11.76	3.36	7.56	7.56	7.56
水	11.34	17.64	5.04	11.34	11.34	11.34

制备方法 将各组分原料混合均匀即可。

产品应用 本品主要用于汽车发动机冷却系统的阻垢除垢。

需要清洗除垢的汽车发动机冷却系统最好分三次进行清洗。

（1）第一次清洗：在汽车发动机冷却系统中加入150g本产品所述阻垢除垢剂，自动怠速2h或开车不间断行驶100km后排掉冷却系统中的溶液，然后再重复操作一次。上述整个过程最好在半天内完成，不要间断操作。这次清洗过程主要是将容易洗掉的松软水垢快速洗掉，清洗后的冷却液要立即排放，以免出现沉淀现象，对毛细水路造成堵塞。

（2）第二次清洗：完成第一次清洗后，向汽车发动机冷却系统中加入新的冷却液和150g本产品所述阻垢除垢剂，汽车在日常行驶过程中会继续对残留的水垢进行清洗，大约30天的时间后将冷却液排放掉，再更换一次新的冷却液和本产品所述阻垢除垢剂，正常行驶半年时间，汽车内水垢将完全除掉，此时将冷却液排放掉。这个过程的清洗是将发动机冷却系统内不容易清洗掉的水垢，通过长时间不断的慢速溶解，逐渐将水垢慢慢去掉的过程。

（3）第三次清洗：完成第二次清洗后，向汽车发动机冷却系统中加入新的冷却液和150g本产品所述阻垢除垢剂，可确保发动机冷却系统在两年内能够一直处于无垢的良好散热状态。两年后进行冷却液和本产品所述阻垢除垢剂的更换。这次的清洗是为了阻止以后水垢的形成，属于保养性的清洗。

对于冷却系统中水垢较多的情况，尤其是水箱内产生的水垢已经对水箱造成了腐蚀，需要更换水箱和相应的水路管道后再进行冷却系统的除垢清洗，以免损坏发动机。

对于新购买的汽车，发动机冷却系统中不存在沉积水垢，向添加完冷却液的冷却系统中加入本产品所述阻垢除垢剂150～200g即可。阻垢除垢剂能够与冷却液中形成水垢的主要成分碳酸钙、碳酸镁发生反应，生成能溶于冷却液石油磺酸钙、石油磺酸镁和碳酸钠的物质，因此不会出现水垢沉积的现象。

对于已经存在沉积水垢的发动机冷却系统，先向添加完冷却液的冷却系统中加入本产品所述阻垢除垢剂150～200g，一段时间后排掉冷却液，加入新的冷却液，再加入阻垢除垢剂150～200g。通常循环3～6次即可将已产生的水垢消除掉。阻垢除垢剂在冷却液中留置的时间以及所需要循环添加的次数，可以根据实际的车况进行相应的调整，最终都能将冷却系统中的水垢去除干净。使用后，发动机的声音明显变小，已经出现烧油较多的汽车，可以恢复到新车时的燃油量，不仅能够起到节能的作用，而且尾气排放的污染程度会降低，减轻了汽车尾气对环境的污染。

产品特性

（1）本产品呈中性，不慎洒落到人体皮肤或衣物后，不会发生腐蚀现象；所选原料无毒或低毒，使用时安全可靠，也不会对环境造成污染。

（2）本产品既能阻止汽车发动机冷却系统中水垢的产生，又能除去已产生的水垢。

（3）本产品在有效去除汽车发动机冷却系统中的水垢的同时，不会对冷却系统造成二次损害，因此可以真正实现延长汽车发动机寿命的目的。

配方 100　汽车冷却系统的除垢清洗剂

原料配比

原料	配比(质量份)						
	1#	2#	3#	4#	5#	6#	7#
六亚甲基四胺	20	15	25	12	27	10	30
氧化钙	10	12	9	13	6	15	5
羟基乙酸	25	30	22	33	20	35	15
苯三唑	2.6	2.5	1.5	2.8	1.2	3	1
邻苯二甲酸二丁酯	30	33	25	35	23	40	20
乌洛托品	9	10	5	12	2	15	1
纯净水	50	55	45	60	45	60	40

制备方法　室温下，按配方配比先将氧化钙、羟基乙酸、苯三唑、邻苯二甲酸二丁酯及乌洛托品加入反应釜中混合，搅拌均匀后过 80 目筛后待用。将纯净水加热至 50～70℃，将上述待用混合物逐渐搅拌中慢慢加入，搅拌均匀，最后过滤即得成品。

产品应用　本品主要用于汽车冷却系统的除垢清洗。

本产品可在更换防冻液之前，按比例将本产品加入水箱中进行清洗，怠速运转 20～30min 后排净旧的防冻液，加入配套的水箱保护剂之后直接加入新的防冻液即可。

产品特性　本产品可以彻底地解决冷却系统内部水垢、水锈、凝胶等污物积聚及堵塞水道，达到较好的冷却系统散热效果。从而解决了发动机过热的问题，且对冷却系统无任何损伤，有效地延长发动机和冷却系统的使用寿命。

配方 101　汽车冷却系统固体除垢清洗剂

原料配比

原料	配比(质量份)		
	1#	2#	3#
二羟基丁二酸	44	42	40
柠檬酸	44.5	42	39.5
阴离子表面活性剂十二烷基硫酸钠	1	2	1
阴离子表面活性剂十二烷基苯磺酸钠	1	2	1
缓蚀剂苯并三氮唑	0.5	1	0.5
防锈剂亚硝酸钠	1	2	1
发泡剂碳酸氢钠	8	9	8

制备方法 在反应釜中依次加入二羟基丁二酸、柠檬酸、阴离子表面活性剂十二烷基硫酸钠、阴离子表面活性剂十二烷基苯磺酸钠、缓蚀剂苯并三氮唑、防锈剂亚硝酸钠、发泡剂碳酸氢钠。搅拌 $30\sim40\text{min}$ 后，过滤装入包装。整个混配过程中，反应釜的温度保持在 $30\sim35℃$，目的是保持物料干燥，防止潮解。

产品应用 本品主要用于汽车冷却系统除垢清洗。

本产品用纯净水稀释浓度至 10%，加入汽车水箱中运行 $24\sim48\text{h}$ 后放掉，用纯净水充分置换（2~3次），再注入优质防冻液。

本产品勿直接用手或身体接触，溅入眼内立即用清水清洗。注意存放，防湿、防潮，一旦潮解，即为失效。

产品特性 本产品可有效地清除汽车水箱中的水垢和黏着物，对铜质材料、铁质材料有很好的防腐作用。

配方 102　汽车水箱除垢清洗液

原料配比

原料	配比（质量份）				
	1#	2#	3#	4#	5#
磷酸	6	6.5	7	7.5	8
DX 渗透剂	0.3	0.5	0.6	0.7	0.8
苯甲酸钠	0.3	0.35	0.4	0.45	0.5
聚乙二醇	0.8	0.85	1.4	1.8	2
工业盐	0.5	0.7	1	1.2	1.5
OP-10 乳化剂	0.1	0.15	0.2	0.25	0.3
高分子复合增效活性剂	3	3.5	4	4.5	5
水	7	8	9	9.5	10

制备方法

（1）原料水溶液的配制：按所述配比量分别称取除磷酸和高分子复合增效活性剂以外的各种原料，分别盛装在容器中加水并加热溶解，搅拌均匀，分别制成水溶液原料，其中加水量以各原料全部溶解成溶液状态为度，溶解加热温度控制范围分别是：DX 渗透剂 $25\sim35℃$、苯甲酸钠 $25\sim35℃$、聚乙二醇 $25\sim35℃$、工业盐 $15\sim25℃$、OP-10 乳化剂 $55\sim70℃$。

（2）将磷酸及高分子复合增效活性剂和制成的水溶液原料，按照所述配方后一项与前一项逐项混合配制的次序，依次混合搅拌均匀，并按所述配比量加足水，搅拌均匀，即制成本产品的汽车水箱除垢清洗液成品。

原料介绍 高分子复合增效活性剂：由多种高分子物质配制而成，能增强循环水中有机污染物质表面的活性，促进其降解，利于杂质的分离和去除。

产品应用 本品主要用于汽车水箱除垢清洗。

该清洗液在使用时，可按清洗液质量的 10～20 倍加水稀释，作业时无须将水箱拆卸下来，只要从循环进水口压入本清洗液的稀释水溶液，对水箱换热管进行冲洗；对散热片表面的积垢可直接刷洗或冲洗。

产品特性

（1）能够有效、彻底地清除汽车水箱换热管壁及散热片表面附着的水垢，清洗除垢速度快，同时，能在金属表面形成保护膜，防止金属腐蚀和水垢的快速积淀。

（2）由于该清洗液中各种不同性能的高分子合成原料所产生的协同效应，因此，不产生有害气体，清洗液内不含任何强酸、强碱和有机溶剂，无毒、无腐蚀、对环境无污染；对人体无任何刺激、无损害；而且稳定性好，不变质、无挥发、清洗液可直接排放，使用安全可靠。

（3）除垢效果显著，水垢溶解在清洗液中，不产生垢渣，所以不会造成汽车冷却循环系统的堵塞。

（4）操作简单、方便、快捷，而且清洗作业时间短，由此能大大提高汽车的运行效率。

配方 103 汽车水箱快速除垢清洗剂

原料配比

原料	配比（质量份）		
	1#	2#	3#
氨基三亚甲基膦酸	10	16	13
三聚磷酸钠	8	4	6
水解马来酸酐	8	12	10
N,N-油酰甲基牛磺酸钠	8	4	6
磷酸	4	6	5
柠檬酸	6	4	5
铬酸钾	0.4	0.8	0.6
葡萄糖酸钠	3	1	2
乌洛托品	0.15	0.5	0.3
水	60	40	50

制备方法 将上述各组分按配比称量，在 40～60℃ 温度下搅拌混合均匀，即可制得本产品的汽车水箱快速除垢清洗剂。

产品应用 本品主要用于汽车水箱快速除垢清洗。

使用时可将其直接加入水箱中，汽车正常行驶 2～3h，水垢即可完全溶解。

产品特性 本产品具有配方设计合理、原料易得，工艺简单、使用方便、对设备无腐蚀、对环境无污染、成本低并且除垢效果显著等特点。

配方 104 去除壁挂炉炉底污垢的除垢剂

原料配比

原料	配比（质量份）		
	1#	2#	3#
柠檬果皮	300	350	400
氨基羧酸	100	120	140
活性炭	15	20	25
甲苯磺酸钠	15	18	20
海藻酸钠	40	50	60
稳定剂	25	33	40
缓蚀剂	5	10	15

制备方法

（1）将柠檬果皮洗净用搅碎机搅碎，用滤布过滤，将过滤后的柠檬果皮颗粒放入烘干箱中保持60～80℃的温度烘干12～24h，然后将烘干后的柠檬果皮颗粒依次过60目和120目的分子筛，留60～120目的柠檬果皮颗粒和柠檬果皮汁。

（2）将步骤（1）中的柠檬果皮汁倒入容量瓶中，加热到40～50℃时加入甲苯磺酸钠，持续搅拌升温至60～70℃后加入氨基羧酸，搅拌1～2h，加入海藻酸钠和步骤（1）中的柠檬果皮颗粒，温度为60～70℃下持续搅拌2～4h，然后抽滤，得到凝胶状物质；得到的凝胶状物质需要经过2～4次水洗。

（3）将步骤（2）中得到的凝胶状物质放入烧杯中，搅拌升温至40～50℃，搅拌10～15min，然后依次加入稳定剂和缓蚀剂，升温至60～65℃，同时保持搅拌1～2h，得到稳定的凝胶状混合物。

（4）将步骤（3）中得到的稳定的凝胶状混合物降至室温，将活性炭加入凝胶状混合物中，搅拌均匀，然后切成50mm×10mm×5mm的长条状，放入烘干箱烘干，得到固态的除垢剂。

原料介绍

所述稳定剂选自有机稀土、有机锡、铅盐中的一种或两种及其以上的复合物。

所述缓蚀剂选自亚硝酸盐、硅酸盐、聚磷酸盐、锌盐中的两种或两种以上的混合物。

产品应用 本品主要用于去除壁挂炉炉底污垢。

产品特性 本品能够有效地去除壁挂炉中的污垢，添加稳定剂使得除垢剂更加稳定，本品具有突出的实质性特点和显著的效果。

配方 105　热喷涂用表面除垢清洗剂

原料配比

原料		配比(质量份)		
		1#	2#	3#
A组分	乙二胺四乙酸	1	1	2
	聚醚	6	8	10
	乙二胺	4	6	9
	氢氧化钠	1	3	4
	二氯甲烷	5	7	10
	乙烯基双硬脂酰胺	11	14	16
	烷基苯磺酸钙	5	6	8
	硫磷双辛伯烷基锌盐	2	3	4
	脂肪酸二乙醇盐	12	13	15
	亚硫酸氢钠	4	5	6
	消泡剂	3	4	5
	水	50	55	65
B组分	碳酸钠	15	17	19
	三羟乙基胺	3	6	8
	三乙胺尿素	2	4	5
	聚氧乙烯脂肪醇醚	21	23	26
	磷酸二氢锌	3	4	6
	水	40	45	55
A组分		3(体积)	3(体积)	3(体积)
B组分		1(体积)	1(体积)	1(体积)
消泡剂	聚二甲基硅氧烷	2	2	2
	高碳醇脂肪酸酯复合物	7	7	7

制备方法

(1) 称取聚二甲基硅氧烷和高碳醇脂肪酸酯复合物，按质量份混合的比例为 2：7，进行充分混合制成 A 组分中的消泡剂。

(2) 将步骤 (1) 得到的消泡剂及 A 组分中的乙二胺四乙酸、聚醚、乙二胺、二氯甲烷、硫磷双辛伯烷基锌盐、氢氧化钠、脂肪酸二乙醇盐分别投入到装有水的分散缸中，开启搅拌器缓慢搅拌，搅拌速度为 250～290r/min，搅拌 30～35min 后，目测其均匀透明后，再将 A 组分中的乙烯基双硬脂酰胺、烷基苯磺酸钙在搅拌状态下缓慢加入，调节转速为 350～420r/min，搅拌时间为 30～35min，控制分散缸温度≤40℃，最后加入 A 组分中的抗氧剂，同样边加入边搅拌，调节转速为 400～460r/min，搅拌时间为 30～45min，经过滤即可得到表面清洗剂的 A 组分；

混合分散桶温度为 15～25℃，混合时间为 6～8h，转速为 200～300r/min。

（3）用 B 组分中的水与碳酸钠、三羟乙基胺、三乙胺尿素、聚氧乙烯脂肪醇醚、磷酸二氢锌混合搅拌，调节转速为 250～280r/min，搅拌时间为 30～45min，控制温度小于 30℃，经过滤后得到表面清洗剂的 B 组分；混合分散桶温度为 15～25℃，混合时间为 6～8h，转速为 200～300r/min。

（4）将步骤（2）制备得到的表面清洗剂的 A 组分与步骤（3）得到的表面清洗剂的 B 组分按质量比称量混合均匀，即可得到热喷涂金属表面专用清洗剂。

原料介绍　所述抗氧剂为亚硫酸氢钠、焦亚硫酸钠、亚硫酸钠或干燥亚硫酸钠中一种或多种。

产品应用　本品主要用于热喷涂用表面除垢。

产品特性　本品对金属工件外表面上因加工形成的炭粉、铁屑、油污等污垢进行彻底清洗，清洗后的金属外表面不会整体或局部出现腐蚀现象，由于产品原材料均为中性产品，性能温和，不含铬酸盐、亚硝酸盐；无气味，对环境无污染，对人体无伤害；同时本品低泡易漂洗，适用于自动清洗机清洗作业。

配方 106　热电厂循环水除垢剂

原料配比

原料	配比（质量份）				
	1#	2#	3#	4#	5#
柠檬酸	6	4	7	8	5
甲酸	4	6	1	3	5
草酸	8	5	10	9	4
乙二胺四乙酸	15	10	12	20	18
聚磷酸盐	18	24	20	12	16
尿素	8	5	11	6	9
高分子复合增效沽性剂	30	20	35	25	40
水	加至 100	加至 100	加至 100	加至 100	加至 100

制备方法

（1）按所述配比分别称取柠檬酸、甲酸、草酸、乙二胺四乙酸、聚磷酸盐、尿素装入容器中，加入水后加热溶解，加热温度为 25～40℃，搅拌均匀，制成水溶液原料，静置 30～50min。

（2）在步骤（1）制得的水溶液原料中加入所述配比的高分子复合增效活性剂和水充分搅拌 15～25min，最终得到本产品热电厂循环水除垢剂。

产品应用　本品主要用于热电厂循环水除垢。

产品特性　本产品制备方法简单，能快速有效地清除热电厂循环水中的水垢，有效地保护水循环系统中的水管及设备，保证水加热及循环系统设备的正常运行，并能大大延长锅炉的维护、除垢周期和使用寿命，提高热电厂运行效率。

配方 107　热电厂循环水除垢液

原料配比

原料	配比（质量份）		
	1#	2#	3#
磷酸	7	8.5	10
柠檬酸	0.5	1	1.5
乌洛托品	0.3	0.4	0.5
草酸	0.3	0.4	0.5
磷酸三钠	1	2	3
尿素	0.5	1.2	2
工业盐	0.5	2	1.5
TX-10 乳化剂	0.3	0.6	0.8
高分子复合增效活性剂	5	8	10
水	15	35	50

制备方法

（1）原料水溶液的配制：按所述配比分别称取除磷酸和高分子复合增效活性剂以外的各种原料，分别盛装在容器中加水并加热溶解，搅拌均匀，分别制成原料水溶液，其中加水量以各原料全部溶解成溶液状态为度，溶解加热温度控制范围分别是：柠檬酸 25～35℃、乌洛托品 25～35℃、草酸 25～35℃、磷酸三钠在常温下溶解、尿素 25～35℃、工业盐 15～25℃、TX-10 乳化剂 55～70℃。

（2）将磷酸及高分子复合增效活性剂和制成的原料水溶液，按照所述配方后一项与前一项逐项混合配制的次序，依次混合搅拌均匀，并按所述配比加足水，搅拌均匀，即制成产品。

原料介绍　高分子复合增效活性剂：由多种高分子物质配制而成，能增强循环水中有机污染物质表面的活性，促进其降解，利于杂质的分离和去除。

产品应用　本品主要用于热电厂循环水除垢。

该除垢液在使用时，可按除垢液质量的 10～20 倍加水稀释，每天用计量泵或通过调节阀将稀释后的除垢液溶液在热电厂循环水泵进水口处加入，正常运行过程中循环水的除垢液投放量为 6～10mL/L（以未稀释前的除垢液计算），即可对循环水中的水垢全部清除，并能有效地防止循环系统的积垢现象。

产品特性

（1）本品能快速有效地清除溶解热电厂循环水中的水垢，而且在循环水通过的金属表面形成保护膜，具有良好的阻垢分散功能，从而保证水加热及循环系统设备的正常运行，并能大大延长设备的维护、除垢周期和使用寿命，提高热电厂运行效率。

（2）通过对循环水中水垢的有效清除，不仅能延长循环水的使用周期，而且能够显著地提高设备的热效率，由此达到节约能源和水资源，提高发电生产效率，降

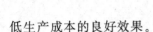

低生产成本的良好效果。

（3）该除垢液不含任何强酸、卤素及各种油类物质，无挥发，对人体无毒害、无腐蚀、无刺激感，对环境无污染。

（4）该除垢液具有使用方法简单，操作方便快捷、安全可靠等优点。

配方 108 热风炉和锅炉除垢剂

原料配比

原料	配比（质量份）		
	1#	2#	3#
盐酸	8	10	9
氟化钠	1	6	4
磷酸三钠	1.5	3	2
缓蚀剂	0.6	0.6	0.6
渗透剂	1.5	3	2
水	加至100	加至100	加至100

制备方法 将各组分原料混合均匀即可。

产品应用 本品主要用于热风炉和锅炉及其附件的清洗除垢。

清洗热风炉的步骤为：

（1）预先用高压水枪冲洗和机械疏通的方法，清除热风炉工作面上的浮质和附着物。

（2）分别配制除垢剂和中和剂，所述中和剂是浓度为6‰的氢氧化钠水溶液。

（3）使用防腐泵将除垢剂均匀地喷射到热风炉需要清洗的工作面上，同时在除垢剂流经处喷洒中和剂并使pH值达到7～9。

（4）工作面喷洒满除垢剂3min后，间歇60min，循环往复直至热风炉工作面上的水垢清洗95％以上，停止用除垢剂清洗；再用清水清洗，直到清洗率达到100％。

（5）向热风炉工作面上喷洒中和剂，待充分反应后，用清水冲洗热风炉工作面直至将热风炉工作面洗净，并将废液全部排入选定晾晒点。

（6）调节选定晾晒点内溶液的pH值使之符合排放标准。

清洗锅炉的步骤为：

（1）预先用高压水枪冲洗和机械疏通的方法，清除锅炉工作面以及与锅炉连接使用的附件上的浮质和附着物。

（2）封闭待清洗的锅炉，将与被清洗锅炉连接的设备用盲板隔堵，对封闭的锅炉试压并封堵渗漏点直至无渗漏后泄压放水。

（3）根据清洗需要确定清洗循环回路。

（4）分别配制除垢剂和中和剂，所述中和剂是浓度为6‰的氢氧化钠水溶液。

（5）将除垢剂打入封闭的锅炉清洗循环回路，进行逆循环清洗。

（6）常温下控制循环流速为 0.2～0.5m/s，定时监测循环回路内除垢剂的浓度和 pH 值。

（7）交替进行浸泡、循环，浸泡 2h，循环 30min，待循环回路内除垢剂浓度差小于 2‰，pH 值稳定后，将循环回路内的除垢剂排入选定晾晒点并冲洗循环回路内垢渣。

（8）将中和剂打入封闭的锅炉清洗循环回路，交替进行浸泡、循环，浸泡 2h，循环 30min，并定时监测循环回路内的 pH 值，待循环回路中和剂的 pH 值稳定在 7～9 时，将循环回路内的中和剂排入选定晾晒点。

（9）打开封闭的锅炉，用清水冲洗锅炉垢渣，直至垢渣清洗干净。

（10）再次封闭锅炉，加压至 1.5 倍工作压力，保持 15min，确保无渗漏后将工业锅炉恢复工作状态。

产品特性　本产品解决了现有除垢剂清洗热风炉和锅炉时造成较严重的金属腐蚀、易产生二次氧化、金属表面光洁度变差，以及高压喷头耐腐蚀性较差、作用面积小的技术问题。本产品具有除垢高效、无毒副作用、除垢后废弃物对环境无污染、能够在金属表面形成保护膜延长设备使用寿命的优点。

配方 109　热力管道除垢清洗液

原料配比

原料	配比（质量份）		
	1#	2#	3#
磷酸	6	7	8
次亚磷酸钠	1	2	3
草酸	0.3	0.4	0.5
异噻唑啉酮	1	2	3
乙二胺四乙酸	0.1	0.2	0.3
渗透剂	1	2	3
聚乙二醇	4	5	7
尿素	2	3	4
AEO-9 乳化剂	0.3	0.4	0.6
工业盐	0.5	1	1.5
高分子复合增效活性剂	2	4	6
水	15	25	35

制备方法

（1）原料水溶液的配制：按所述配比分别称取除磷酸和高分子复合增效活性剂以外的各种原料，分别盛装在容器中加水并加热溶解，搅拌均匀，分别制成原料水溶液，其中加水量以各原料全部溶解成溶液状态为度，溶解加热温度控制范围分别是：次亚磷酸钠 25～35℃、草酸 25～35℃、异噻唑啉酮 30～50℃、乙二胺四乙酸 60～80℃、渗透剂 25～35℃、聚乙二醇 30～50℃、尿素 25～35℃、AEO-9 乳化剂 70～90℃、工业盐 15～25℃。

（2）将磷酸及高分子复合增效活性剂和制成的原料水溶液，按照所述配方后一项与前一项逐项混合配制的次序，依次混合搅拌均匀，并按所述配比加足水，搅拌均匀，即制成产品。

产品应用 本品主要用于热力管道除垢清洗。该清洗液在使用时，可按清洗液质量的 10～20 倍加水稀释，每天用计量泵或通过调节阀将稀释后的除垢液溶液在循环水泵进水口处加入。正常运行过程中每 24h 循环水的除垢液投放量为 6～10mL/L（以未稀释前的除垢液计算），即可有效地防止循环系统的积垢现象。初次使用，对管道积垢进行清除时，视积垢厚度应加大除垢液溶液投放量，并将含垢循环水排放到循环系统外，使分离的水垢能彻底排出。

产品特性 本品能够快速而彻底地清除热力循环管道中的积垢，并能抑制积垢的再生，有效地防止管道的腐蚀，而且其使用方法简便，只要从进水口处投加到循环水中，通过其循环流动过程中的冲洗就可将循环系统所有管道的积垢全部清除干净，无须停产拆卸管道和设备，从而提高生产效率，节约能源和水资源，延长热力循环系统管道及设备使用寿命，具有使用方法简单，操作方便快捷、安全可靠等优点。另外，该除垢液不含任何强酸、卤素及各种油类物质，无挥发，对人体和设备无损害、无腐蚀，对环境无污染。

配方 110 设备除垢剂

原料配比

原料	配比（质量份）				
	1#	2#	3#	4#	5#
氨基磺酸	30	35	36	38	40
乙二胺四乙酸	15	18	20	22	25
柠檬酸	15	18	20	22	25
十二烷基硫酸钠	1	2	3	4	5
聚苯乙烯磺酸钠	0.5	1.5	1.8	2	3
木质素	5	7	8	9	10
六亚甲基四胺	3	4	5	6	8
乙醇	2	5	6	7	8
三聚磷酸钠	0.5	0.7	0.8	1	1
水	120	136	138	142	150

制备方法 将水加热至 60～70℃，将除乙醇和三聚磷酸钠外的各组分加入水中，搅拌至溶解，然后将温度降至 50～60℃，加入乙醇与三聚磷酸钠，继续搅拌至溶液澄清即可得到设备除垢剂。

产品应用 本品主要用于设备除垢。使用时只需加入设备中，慢速搅拌 0.5～1h 即可将设备内的垢类清除干净。

产品特性 本产品生产工艺简单，成本低，安全无毒，使用方便，除垢效果好，可以广泛使用。

配方 111　食品加工设备用重油污清洗除垢剂

原料配比

原料	配比（质量份）		
	1#	2#	3#
十二烷基二甲基胺乙内酯	10	20	10
月桂醇聚氧乙烯醚	10	15	20
磺化琥珀酸二辛酯钠盐	5	10	15
丙二醇	2	5	10
β-羟基丙三酸	5	1	10
柠檬酸	5	1	10
氯化钙	1	5	10
酸性蛋白酶	0.5	0.1	1
去离子水	61.5	42.9	14

制备方法 将各组分原料溶于水，混合均匀。

产品应用 本品主要用于食品加工设备重油污清洗。

产品特性

（1）本品对碳钢、铝、铜、不锈钢等金属均基本无腐蚀。

（2）原料安全环保，无任何食品安全隐患。

（3）对含动植物油脂、矿物油脂、钙镁离子水垢等重污垢有良好的去除效果，且不会对设备造成腐蚀。

配方 112　食品设备除垢剂

原料配比

原料	配比（质量份）					
	1#	2#	3#	4#	5#	6#
柠檬酸	200	100	175.5	214.5	195	195
磷酸三钠	50	25	78	39	39	58.5
BS-12（十二烷基苯磺酸钠）	50	25	78	39	39	58.5
三聚磷酸钠	50	25	39	78	58.5	39
CMC（羧甲基纤维素钠）	40	20	19.5	19.5	58.5	39

制备方法 将各组分原料加入高温反应釜，加水搅拌浸泡5h，即得产品。

产品应用 本品主要用于食品设备除垢。

产品特性

(1) 全部采用食品级原料，无任何食品安全隐患。

(2) 本除垢剂对碳钢、铝、铜、不锈钢等金属均基本无腐蚀。

(3) 本除垢剂用量少、除垢效果好。

配方 113　水管道和容器用的缓慢释放型防腐阻垢除垢剂

原料配比

原料	配比（质量份）	原料	配比（质量份）
85％食品级磷酸	1000	82％食品级氢氧化钾	6
50％离子膜食品级氢氧化钠	360	含量为98％重质食品级碳酸钙粉	24

制备方法

(1) 磷酸溶液与氢氧化钠溶液在反应器中进行搅拌，反应生成混合液后，再加入碳酸钙溶液进行反应搅拌。

(2) 将步骤（1）得到的产物均匀缓慢地流入到温度为400~500℃的高温聚合炉中，持续升温到800~1700℃进行熔融处理。

(3) 产物熔融后从炉内流出，浇铸在球形模具中，使其成型。

(4) 使用风冷器进行冷却。

(5) 冷却完毕后，进行脱模，得到球状的水管道和容器用的缓慢释放型防腐阻垢除垢剂。

(6) 对成型的水管道和容器用的缓慢释放型防腐阻垢除垢剂进行整理、检验、包装、入库。

产品应用 本品主要用于水管道和容器除垢。

所述球状的水管道和容器用的缓慢释放型防腐阻垢除垢剂的球体直径为8~15mm。

产品特性

(1) 本品溶解时间长，溶解速度均匀，在水中可以对水进行连续均匀处理，只要控制好进出水流量与速度便可以方便的操作。

(2) 在日常使用时，本品在水中持续释放，能与钙、镁等金属离子产生络合、螯合反应，阻止了钙、镁水垢的形成。

(3) 本品在日常使用时，会在管道内壁形成一层保护膜，有效隔离水中的溶解氧，达到防锈防腐的目的。

(4) 本品一次加入设备中，可使用几个月，并时时刻刻都起到防腐阻垢的作用，达到缓慢释放的效果。

配方 114　生物活化型长效固体除垢剂

原料配比

原料			配比（质量份）		
			1#	2#	3#
复合除垢组分 A	丁基六甲基二溴化铵		130	140	150
	脂肪醇聚氧乙烯醚		60	70	80
	金属缓蚀剂	巯基苯并噻唑	100	110	120
	腐植酸钠		80	85	90
	催化剂	浓度70%的季铵碱溶液	10	20	30
高分子基体 B	有机硅泡沫		300	400	500
	发泡剂	偶氮二异丁腈	50	55	60
	填料	硅藻土	100	110	120
	分散剂	硬脂酸	60	70	80
活性剂 C	生物活化剂	负载在无菌砂土上的乳酸菌	90	95	100

制备方法

（1）按照上述组分取复合除垢组分 A 用去离子水分散成厚浆体，向浆体中加入高分子基体 B，搅拌均匀后得到复合浆体。

（2）将生物活化剂加入至复合浆体中，用磁性搅拌器于 37～39℃搅拌 2～4h，温度保持不变，静置活化 18～24h 得到活化复合浆体。

（3）将活化复合浆体在 50℃下脱水即得固体除垢剂。

所述复合除垢组分 A 的制备方法为：

（1）按照上述组分取脂肪醇聚氧乙烯醚完全溶解在去离子水中得到溶解液，向所述溶解液中加入丁基六甲基二溴化铵，升温至 40～60℃后超声处理 10～12min，冷却至室温后得到活性除垢液。

（2）向活性除垢液中加入金属缓蚀剂和腐植酸钠，搅拌均匀后得到混合溶液，向混合溶液中以 2 滴/s 的速度滴加催化剂，滴加过程中保持匀速搅拌，滴加完后静置反应 2～4h，得到复合除垢溶液。

（3）将复合除垢溶液进行醇析，离心分离后得到醇析液和析出物，将析出物烘干粉碎即得复合除垢组分 A。

所述高分子基体 B 的制备方法为：

（1）按照上述组分取有机硅泡沫至反应釜中加热至 150～170℃，加入发泡剂混合均匀后，升高反应釜中压力至 2.1～2.3MPa 进行发泡，发泡结束后泄压降温至室温，得到发泡基体。

（2）将分散剂充分溶解在乙二醇溶剂中得到分散溶液，将填料粉碎至 300～

400目，加至分散溶液中超声分散15～17min，得到改性填料。

（3）将改性填料与发泡基体混合，高速捏合20～30min，粉碎后得到高分子基体B。

产品应用　本品主要用于快速清除水垢。

产品特性　本品对除垢剂成分进行改进，能够对复杂成分的水垢进行快速溶解，同时添加金属材料保护剂，在清除水垢的同时可以避免金属材料受到腐蚀损坏，并且采用生物活化剂对除垢剂进行活化，使除垢剂中有效除垢成分可以迅速溶解水垢，加强除垢效率。本品具有材料新颖、制备方法完善、除垢效率高、生产成本低等优点。

配方 115　石油管道除垢剂

原料配比

原料	配比（质量份）		
	1#	2#	3#
甲醇	66	60	70
二氧化硅纳米颗粒	1	2	0.5
硼砂	0.6	0.3	0.8
磷酸三钠	5	6	3
碳酸钠	3	2	4
三乙醇胺	9	10	5

制备方法

（1）除二氧化硅纳米颗粒与硼砂外，将其他组分原料加入反应釜，常温下搅拌20～35min，使之充分溶解。

（2）加入二氧化硅纳米颗粒与硼砂，温度升到85～90℃，反应釜内部加压到3～3.6MPa，搅拌20～45s。

（3）打开反应釜，搅拌液降温至45～50℃时，将搅拌液倒入产品容器中，冷却成型，即为成品。

原料介绍　所述二氧化硅纳米颗粒尺寸为30～40nm。

产品应用　本品主要用于油田管道内壁的清理。

产品特性　本品环保，无腐蚀，清洗快速安全，可用于油田管道内壁的清理，除垢速度快，不会对管道内壁有任何点蚀、氧化反应，本品选料科学，制备过程中采用瞬间升温加压的方法，将二氧化硅纳米颗粒与硼砂融在液体内，具备了缓放效果，延长了清洗时间，而且加入纳米金属颗粒会对管道内壁的油膜进行摩擦，表面清洗干净且快速，清洗效率高，使用安全，对人体无伤害。

配方 116　水暖器材除垢剂

原料配比

原料		配比（质量份）				
		1 #	2 #	3 #	4 #	5 #
酸类除垢成分	苹果酸	50	—	—	—	—
	乙酸	—	75	—	—	—
	柠檬酸	—	—	60	—	—
	柠檬酸和苹果酸的混合物	—	—	—	50	—
	酒石酸	—	—	—	—	65
增效剂	磷酸钠	3	5	8	6	4
防蚀剂	硅酸钠	1	3	5	1	1
有机物吸附剂	活性炭	15	13	10	12	11
杀菌剂	苦参碱提取液和苦楝提取液的混合溶液	5	7.5	10	5	5

制备方法　将各组分原料混合均匀即可。

产品应用　本品主要用于水暖器材除垢。

产品特性　本品除垢剂安全无毒，对人体健康无害。

配方 117　酸式除垢剂

原料配比

原料		配比（质量份）		
		1 #	2 #	3 #
丙酸		5	8	10
腐植酸钠		5	5	1
氨基磺酸		5	10	10
聚磷酸钠		20	30	20
钼酸钠		1	1	5
盐酸		10	50	10
磷酸		40	10	50
水		30	40	10
缓蚀剂	亚乙基二胺和二亚乙基四胺	10	—	—
	胍的衍生物	—	10	—
	胍的衍生物、烷氧基烷基胺和亚烷基胺	—	—	10
色料		—	1	5
烷基苯磺酸钠		—	—	10

制备方法

（1）将缓蚀剂、钼酸钠、聚磷酸钠、腐植酸钠、氨基磺酸依次加入化料釜中，然后加入水并搅拌使固体物料溶解；加入色料和烷基苯磺酸钠。

（2）将丙酸加入化料釜中并进行搅拌，使其溶解。

（3）用耐酸泵将盐酸和磷酸依次打入化料釜中，并将所有物料搅拌均匀得到酸式除垢剂。

原料介绍　所述亚烷基胺为亚乙基二胺、二亚乙基四胺、三亚乙基四胺、四亚乙基五胺、N,N-二甲基亚乙基二胺和 N-亚甲基二胺中的一种或多种。

产品应用　本品主要用于冷却水系统、交换器、空调系统、锅炉的除垢。

产品特性

（1）该除垢剂对一般金属无腐蚀，能安全、有效、快速去除金属表面的多种沉积物。

（2）本品配方科学合理，其制备方法简单易行。本品酸式除垢剂对多种污垢具有强效除垢能力，可适用于冷却水系统、交换器、空调系统、锅炉的除垢。

（3）本品除垢过程无需停机、省时、省力、高效节能。

（4）本品通过使用缓冲体系改善了清洗特性。

配方 118　酸性除垢剂

原料配比

原料	配比（质量份）		
	1#	2#	3#
氨基磺酸	10	18	25
氯化铵	2	5	7
乌洛托品	2	3	5
元明粉	1	4	7
乙二胺四乙酸	10	20	40
腐植酸钠	20	40	60
羟基亚乙基二膦酸	40	80	120
水	20	40	70

制备方法　将上述物料加入到反应釜中，加热至90℃，同时搅拌均匀，再保温2h，然后降温至常温，取出灌入模具凝固成型，即可制得成品。

产品特性　本品的除垢剂配方简单，原料易购，提高了除垢的效果，且不伤皮肤，降低了综合成本。

配方 119 酸性化工设备除垢剂

原料配比

原料	配比(质量份)				
	1#	2#	3#	4#	5#
盐酸	10	12	15	17	20
氢氟酸	3	4	5	6	8
二邻甲苯硫脲	2	3	4	5	6
十二烷基苯磺酸钠	25	28	30	32	35
羟基乙酸钠	8	9	10	11	12
氨基磺酸	11	12	13	14	15
柠檬酸	3	4	5	6	7
乙醇	2	6	3	4	5
硫酸锌	0.2	0.25	0.3	0.35	0.4
磷酸三钠	0.1	0.15	0.2	0.25	0.3

制备方法 首先按照配方准备原料，然后向反应釜中依次加入准备好的盐酸、氢氟酸、乙醇、氨基磺酸、柠檬酸、二邻甲苯硫脲、十二烷基苯磺酸钠、羟基乙酸钠、磷酸三钠和硫酸锌，加料过程中连续搅拌，并且控制混合液的温度在60～80℃，最后冷却至60℃，停止搅拌，放出灌装。

产品应用 本品主要用于化工设备中的管道、冷凝器等的清洗。

使用时，将上述制备的酸性除垢剂加入到设备管道中随管道循环，在循环过程中对管道内壁进行除垢处理。

产品特性

(1) 本品具有价格低廉、使用方便、适用范围广、清洗效率快、制备工艺简单的优点。

(2) 本品除垢除锈速度均比常规除垢剂的速度要快很多，并且在针对不同产品生产设备除垢时的除垢效率和除垢效果均很好。

配方 120 天然气换热器除垢剂

原料配比

原料		配比(质量份)
除垢剂	葡萄糖酸	33
	柠檬酸	40
	EDTA	27
钝化剂	氨基三亚甲基膦酸	33
	钼酸钠	32
	甲基苯并三唑	45

制备方法　将各组分原料混合均匀即可。

产品应用　本品主要用于天然气换热器除垢。

产品特性

（1）换热器水循环系统除垢清洗方法不但方便快捷，而且可以随时在现场工作面使用，无需对设备进行拆解性的疏通。

（2）本品具有组分简单，质量稳定，使用方便，同时清洗工艺简单，施工效率高，既保证清洗效果，又能做到无拆卸清洗，能够大大缩短清洗时间等优点。

配方 121　通用高效除垢剂

原料配比

原料	配比（质量份）	原料	配比（质量份）
甲醇	100	煤油	10
丁基溶纤剂	40	表面活性剂	15
过碳酸钠	30	氯化钠	30
香精	7	柠檬酸	6

制备方法

（1）将本品配方中所提供的质量份的丁基溶纤剂、过碳酸钠加入甲醇，搅拌均匀。

（2）控制温度在90～120℃时依次加入煤油、氯化钠、柠檬酸混合溶解。

（3）然后加入表面活性剂，在搅拌和加热条件下加入香精，混合均匀。

（4）常温下静置2h，封存。

原料介绍

所述香精为柠檬香料。

所述表面活性剂为脂肪醇硫酸钠

产品特性　本品清洗效果优异，清洗污垢的速度快，溶垢彻底；清洗成本低，不造成过多的资源消耗；对温度、压力、机械能等不需要过高的要求；不在清洗对象表面残留下不溶物，不产生新污渍，不形成新的有害于后续工序的覆盖层，不影响清洗对象的质量。

配方 122　通用型高效除垢剂

原料配比

原料	配比（质量份）	原料	配比（质量份）
水	100	三氯乙烷	10
椰子油酰二乙醇胺	40	表面活性剂	15
碱金属磷酸盐	30	氯化钠	30
香精	7	柠檬酸	6

制备方法

（1）将本品配方中所提供的质量份的椰子油酰二乙醇胺、碱金属磷酸盐加入水，搅拌均匀。

（2）控制温度为 90～120℃时依次加入三氯乙烷、氯化钠、柠檬酸混合溶解。

（3）然后加入表面活性剂，在搅拌和加热条件下加入香精，混合均匀。

（4）常温下静置 2h，封存。

原料介绍

所述香精为柠檬香料。

所述表面活性剂为脂肪醇硫酸钠。

产品特性　本品清洗效果优异，清洗污垢的速度快，溶垢彻底；清洗成本低，不造成过多的资源消耗；对温度、压力、机械能等不需要过高的要求；不在清洗对象表面残留下不溶物，不产生新污渍，不形成新的有害于后续工序的覆盖层，不影响清洗对象的质量。

配方 123　通用高效除污除垢剂

原料配比

原料	配比（质量份）
水	80
环氧丁烷	25
硅酸钾盐	10
硝基甲烷	15
氯化钠	10
表面活性剂	10
三氯乙烷	9
三氯异氰尿酸	18

制备方法

（1）将本品配方中所提供的质量份的环氧丁烷、硅酸钾盐加入水，搅拌均匀。

（2）控制温度为 90～95℃时依次加入硝基甲烷、氯化钠混合溶解。

（3）然后加入表面活性剂，在搅拌和加热条件下加入三氯乙烷、三氯异氰尿酸，混合均匀。

（4）常温下静置 2h，封存。

原料介绍　所述表面活性剂为脂肪醇硫酸钠。

产品特性　本品清洗效果优异，清洗污垢的速度快，溶垢彻底；清洗成本低，不造成过多的资源消耗；对温度、压力、机械能等不需要过高的要求；不在清洗对象表面残留下不溶物，不产生新污渍，不形成新的有害于后续工序的覆盖层，不影响清洗对象的质量。

配方 124　通用型高效除污除垢剂

原料配比

原料	配比(质量份)	原料	配比(质量份)
水	80	三聚磷酸钠	10
十二烷基苯磺酸钠	25	氨基磺酸	10
麦芽糊精	10	三氯乙烷	9
甲基纤维素	15	六偏磷酸钠	18

制备方法

（1）将本品配方中所提供的质量份的十二烷基苯磺酸钠、麦芽糊精加入水，搅拌均匀。

（2）控制温度为 90～95℃时依次加入甲基纤维素、三聚磷酸钠混合溶解。

（3）然后加入氨基磺酸，在搅拌和加热条件下加入三氯乙烷、六偏磷酸钠，混合均匀。

（4）常温下静置 2h，封存。

产品特性　本品清洗效果优异，清洗污垢的速度快，溶垢彻底；清洗成本低，不造成过多的资源消耗；对温度、压力、机械能等不需要过高的要求；不在清洗对象表面残留下不溶物，不产生新污渍，不形成新的有害于后续工序的覆盖层，不影响清洗对象的质量。

配方 125　温控型双效解堵除垢剂

原料配比

原料		配比(质量份)			
		1#	2#	3#	4#
油醛混合液	凝析油	660	620	680	650
	柴油	100	120	80	110
	对苯二甲醛	80	90	60	100
	辛二醛	100	120	110	80
	斯盘-20	24	20	30	24
	AEO-6	20	18	25	20
	吐温-60	16	12	20	16
A乳液	水	640(体积)	650(体积)	620(体积)	630(体积)
	油醛混合液	360(体积)	350(体积)	380(体积)	370(体积)

续表

原料		配比（质量份）			
		1#	2#	3#	4#
复合粉体	水	680	650	700	690
	可溶性淀粉	2	3	4	5
	纳米铝粉	200	220	180	210
	纳米锌粉	120	130	120	100
悬浮 B 液	水	700	680	690	700
	水溶性聚磷酸铵	60	86	50	70
	氯化铵	110	100	120	120
	六偏磷酸钠	2	100	30	10
	1-乙基-2,3-二甲基咪唑六氟磷酸盐	20	100	30	20
	复合粉体	90	100	80	70

制备方法

（1）油醛混合液的配制：反应器中，加入凝析油、柴油、对苯二甲醛、辛二醛、斯盘-20、AEO-6、吐温-60，搅拌溶解，得到油醛混合液。

（2）A 乳液的配制：在高速分散机中，加入水、步骤（1）所述的油醛混合液，转速为 2000r/min，搅拌 4h，再提高转速至 2800r/min，反应 1h，放置过夜，得到 A 乳液。

（3）复合粉体的制备：反应器中，加入水、可溶性淀粉，加热溶解，再加入纳米铝粉、纳米锌粉，充分搅拌 12h，喷雾干燥，得到复合粉体。

（4）悬浮 B 液的配制：反应器中加入水、水溶性聚磷酸铵、氯化铵、六偏磷酸钠、1-乙基-2,3-二甲基咪唑六氟磷酸盐，加入步骤（3）所制备复合粉体，高速搅拌均匀，得到悬浮 B 液。

产品应用　本品主要用于油田油井、输油管道解堵除垢。

使用方法：将温度在 50℃ 的热水与 A 乳液、悬浮 B 液按体积比为 60:20:20 混合后，用泵打入输油管道、油井中，使输油管道充满混合液体，反应 15～20h，检测压力，放出气体，将清洗废液放出，加入破乳液，油相、水相分别回收再利用，获得优良的解堵除垢效果。

产品特性

（1）本品 pH 值在 6.0～7.5 之间；除垢剂及除垢的废液均呈中性，不会产生酸雾，不会腐蚀钢铁的设备结构，达到无腐蚀安全解堵除垢，中性解堵除垢剂热稳定性好，使用安全环保，适合推广。

（2）本品既可以清除输油管道的聚合物料垢和沥青质垢，又能清除如碳酸钙、碳酸镁、硫酸钙、硫酸钡、氧化铁等无机垢，尤其对硫酸钡、硫酸锶具有很好的清除作用，自发热可以保持除垢液温度在 50～60℃ 维持 24h。

（3）本品不脱落垢渣和产生新的沉淀物，具有很好的络合性、分散性、渗透性和溶解性，反应物具有溶解性，不产生垢渣和二次沉淀，能有效地解决传统酸洗易脱落掉渣的问题，保证安全解堵。

（4）本品的废液回收再利用，由于本解堵除垢剂是由凝析油、醛类、络合剂、离子液体、乳化剂、无机盐等组成，与输油管道中的有机垢和无机垢反应后的产物为易溶解的物质，降低了清洗废液处理费用。

（5）本品制备工艺简单，条件易于控制，生产成本低，使用安全，易于工业化生产，解堵速度快。

配方 126　无毒机械设备除垢剂

原料配比

原料		配比（质量份）		
		1#	2#	3#
乙酸		5	1	3
柠檬酸		0.5	6	4
反丁烯二酸		0.6	0.1	0.4
氨基磺酸		5	10	7
盐酸		40	5	35
乳酸		2	10	8
马来酸		20	1	15
十二烷基苯磺酸钠		1	3	2
金属缓蚀剂	葡萄糖、淀粉、果胶、葡萄糖酸钠组合物	3	—	—
	葡萄糖、淀粉、维生素C的组合物	—	1	—
	葡萄糖酸钠	—	—	2
防锈剂	三乙醇胺和亚硝酸钠组合物	5	—	—
	亚硝酸钠	—	8	—
	三乙醇胺	—	—	3
辅料	食品级香精	4	—	—
	食品级香精或食品级色料的组合物	—	2	3
水		加至100	加至100	加至100

制备方法

（1）将固体物料柠檬酸、氨基磺酸、反丁烯二酸、马来酸、十二烷基苯磺酸钠依次加入化料反应器中，然后加入水并均匀搅拌使固体物料溶解；搅拌时的搅拌速率为 $500\sim900r/min$。

（2）将液体物料乙酸、盐酸、乳酸、缓蚀剂加入化料反应器中均匀搅拌，使其充分溶解；搅拌时的搅拌速率为1200r/min。

（3）加入防锈剂和辅料，将混合均匀的物料经过滤，制得除垢剂。过滤时采用不锈钢筛网。所述不锈钢筛网的筛网目数为100～250目。

产品应用 本品主要用于机械设备除垢。

产品特性 本产品对人体无毒无害，对设备腐蚀性小，能够快速溶解水垢，节约能源，不伤皮肤，安全可靠，性能温和，不影响人体健康。除垢彻底，能够清除设备表面以及内部的污垢，清洗效果好，并且在表面形成一个保护层，能够延缓污垢的再次形成，使用寿命长。采用了新型的缓蚀剂，无毒无害、绿色、环保。除垢后的残液能快速地在自然界中分解，对环境不会造成二次污染和危害。

配方127 无腐蚀性除垢剂

原料配比

原料		配比（质量份）	
		1#	2#
氨基磺酸		35	45
丙酸		10	18
聚丙烯酸钠		6	7
柠檬酸		2	10
磷酸		3	8
聚乙二醇		40	50
氯化铵		1	3
硫酸铵		1	3
除锈剂	三乙醇胺	1	—
	亚硝酸钠	—	5
去离子水		91	99

制备方法

（1）将柠檬酸、聚丙烯酸钠、氨基磺酸、氯化铵、硫酸铵、除锈剂依次加入化料釜中，然后加入去离子水并搅拌使固体物料溶解。

（2）将丙酸、聚乙二醇加入化料釜中并进行搅拌，使其溶解。

（3）将浓度为85%的磷酸依次打入化料釜中，并将所有物料搅拌均匀。

（4）将混合均匀的物料经200目涤纶筛网过滤，可得。

产品特性 在常温下即可方便去除各种水垢，具有一定的杀菌作用，同时对用水设备无腐蚀，还可以预防污垢的形成，减少人工清理锅炉的次数，降低能源消耗，节约成本。

配方 128 洗碗机除垢剂

原料配比

原料	配比(质量份)							
	1#	2#	3#	4#	5#	6#	7#	8#
硝酸	12	16	8	10	14	18	26	28
水	70	71	80	86	75	73	71	70
十二烷基硫酸钠	5	3	2	2	—	3.5	2	—
脂肪醇聚氧乙烯醚	8	7	8	—	8	4	1	—
Lan-826 酸洗缓蚀剂	5	3	2	2	3	1.5	—	2

制备方法 将各组分原料混合均匀即可。

产品应用 本品用于洗碗机除垢。

产品特性

（1）本品能够快速地对洗碗机进行清洗，快速去除污垢、水垢，同时对金属的腐蚀极少，不含磷，绿色环保；同时使用方便。

（2）常温下使用该除垢剂对洗碗机设备的缓蚀率达到99.5%以上，同时去污性能好，清洗时间缩短，经检验，无化学残留，清洗干净。

配方 129 洗碗机专用除垢剂

原料配比

原料		配比(质量份)			
		1#	2#	3#	4#
有机复合酸		20	20	5	15
金属缓蚀剂	山梨酸	10	5	10	15
渗透剂	丙三醇	8	5	5	10
去离子水		加至100	加至100	加至100	加至100
有机复合酸	氨基磺酸	4	4	5	5
	羟基乙酸	1	1	1	1

制备方法

（1）将有机复合酸溶于去离子水中，搅拌均匀，得到溶液A。

（2）在50～80℃条件下，将金属缓蚀剂加入到渗透剂中，搅拌20～40min，超声分散5～10min，得到充分混匀的溶液B。

（3）在搅拌状态下，将步骤（2）中的溶液B加入步骤（1）预先配制好的溶液 A 中，充分混匀，即得到所述洗碗机专用除垢剂。

产品应用 本品用于洗碗机除垢。

产品特性 本品采用有机复合酸作为洗碗机专用除垢剂的主要成分，与传统无机复合酸相比，具有酸性强、挥发性低、毒性及腐蚀性大大降低的优点。本品所述洗碗机专用除垢剂具有以下优点：化学性质温和，除垢效果好，绿色环保。

配方 130 新型中性除垢剂

原料配比

原料	配比（质量份）	原料	配比（质量份）
顺丁烯二酸	100	催化剂	25
2-亚甲基丁二酸	100	分子量调节剂	15
过氧化氢	80	氢氧化钠	30～80
过硫酸铵	20	去离子水	580（体积）
亚硫酸氢钠	10		

制备方法

（1）将 100 份顺丁烯二酸与 100 份 2-亚甲基丁二酸按照 1∶1 比例进行混合，加入一半量的催化剂，混合后，将混合后的配料溶于去离子水 500 份内加入反应釜中，并将反应釜的温度调至 98～120℃。

（2）然后将 80 份的过氧化氢与剩余的催化剂分 3 次加入反应釜中，其中添加的速度为固定匀速。

（3）将 20 份的过硫酸铵溶于 50 份的去离子水，以及将 10 份的亚硫酸氢钠溶于 30 份的去离子水，然后将水溶后的药剂添加到反应釜中，采用匀速添加的方式，且在 3h 内完成，添加完后，将 30～80 份的氢氧化钠加入到反应釜中进行钠化反应，同时加入分子量调节剂。

（4）聚合反应：加药结束后，将反应釜静置，并保温 2h，反应结束后将溶液降温至 30～50℃，降温结束后将溶液倒入容器中进行储存。

产品特性

（1）本品 pH 值控制在 5.0～8.0 之间，清洗效率高，对于难溶垢清洗十分彻底，使得除垢彻底，不会腐蚀设备，且清洗后的排放液体可以生物降解，对环境无污染，环保安全，减少再次处理的费用，节约成本。

（2）本品在清洗时，可以停车清洗，也可以运行时清洗除垢，其中设备运行中进行清洗除垢，避免了停车损失，且减少了运行能耗，提高设备的使用寿命。

配方 131 性能优异的除垢剂

原料配比

原料			配比（质量份）			
			1#	2#	3#	4#
除垢组合物	质量分数为36%的盐酸		7.5	10	15	10
	柠檬酸		3	4	5	4
	EDTA	EDTA 络合剂	3	3	3	—
		EDTA 螯合剂	—	—	—	5
	金属缓蚀剂	咪唑啉季铵盐	0.25	—	—	—
		十二烷基咪唑啉	—	0.5	—	—
		双咪唑啉季铵盐	—	—	0.5	—
		十七烷基咪唑啉	—	—	—	0.5
	助排剂	YM-312 非离子氟碳表面活性剂	1	—	—	—
		十六烷基磺酸钠	—	1.5	—	—
		烷基酚聚氧乙烯醚	—	—	1.5	—
		甲基二磺酸钠	—	—	—	1.5
	解水锁剂	纳米二氧化硅	2	—	—	1.5
		鼠李糖脂	—	2	—	—
		非离子含氟聚合物表面活性剂（含氟拒油拒水防污整理剂）	—	—	2	—
		大豆卵磷脂	—	—	—	1.5
水			加至100	加至100	加至100	加至100

制备方法 先将水、盐酸、柠檬酸、EDTA 混合溶解后加入金属缓蚀剂、助排剂、解水锁剂，混匀，即得。所述混合溶解的方式为以 800r/min 的速率搅拌 10～15min。所述混匀的方式为以 1200r/min 的速率搅拌 10～15min。

原料介绍

所述的 YM-312 非离子氟碳表面活性剂为上海雨木化工有限公司生产。

所述的鼠李糖脂优选为大庆沃太斯化工有限公司生产。

所述的大豆卵磷脂优选为天津博帅生物科技有限公司生产。

所述非离子含氟聚合物表面活性剂为含氟拒油拒水防污整理剂。所述含氟拒油拒水防污整理剂为上海赫特实业有限公司生产。

产品特性

（1）本品可以快速溶解、清除附着在气井生产管柱上的以碳酸盐为主的垢体（碳酸盐质量分数70%以上的垢样），使气井快速恢复生产，解水锁剂可以减轻气井生产层的液相伤害，保护储层。

（2）本品无毒无害，对设备腐蚀小，易返排，原料易获得，施工简单，性能温和。

（3）本品可在 2.5h 内溶垢 95％以上，打开气井堵塞的生产筛孔，净化近井地带，疏通油气渗流通道，与地层水配伍性好，不产生二次沉淀。

（4）使用方法简单，且除垢性能优异，腐蚀性小。

配方 132　循环水节水除垢剂

原料配比

原料	配比（质量份）		
	1#	2#	3#
聚马来酸酐	3	2	5
活性炭	0.4	0.2	0.5
海藻酸钠	3	2	5
聚丙烯酰胺	0.6	0.5	0.8
聚合硫酸铝	2	1	3
氧化硼	2	1	3
羟基羧酸盐聚合物 HLE	58	55	60
聚合硫酸亚铁	4	3	5
乙二胺四亚甲基磷酸钠 EDTMPS	5	10	3
多元醇磷酸酯 PAPE	5	10	4
淀粉	3	3	4
烧碱	14	12.3	6.7

制备方法　将各组分原料混合均匀即可。
产品特性

（1）本品通过高分子聚合物络合水中的钙、镁离子，使钙、镁离子形成沉淀，不仅提高浓缩倍数，而且大大降低水质的硬度，同时不会产生水结垢，降低了补充水用量，节约水资源，降低了排污水量，从而减少对环境的污染和废水的处理量。

（2）本品通过在金属表面形成坚硬的、化学惰性强的高分子聚合物，达到防腐效果，提高了冷却循环系统的使用寿命。

配方 133　烟气脱硫系统中烟气再热器的除垢剂

原料配比

原料	配比（质量份）		
	1#	2#	3#
浓盐酸	30	40	45
乌洛托品	9	8	8

续表

原料	配比（质量份）		
	1#	2#	3#
苯胺	5	4	6
氟化钠	2	3	2
阴离子表面活性剂 LAS(烷基苯磺酸钠)	1	—	—
阴离子表面活性剂 AEC(烷基聚氧乙烯醚羧酸钠)	—	1	—
阴离子表面活性剂 NNO(亚甲基双萘磺酸钠)	—	—	1
水	加至 100	加至 100	加至 100

制备方法　将各组分原料混合均匀即可。

产品应用　本品主要用于烟气脱硫系统中烟气再热器的除垢。

使用本产品对 GGH 硬垢（硅酸盐和硫酸盐垢）进行清洗时，用水将该除垢剂稀释至质量分数为 6%～8%，清洗方式采用浸渍法，清洗温度在 15～60℃，清洗时间 72～120h（根据硬垢的成分和含量），除垢率均达到 87% 以上，GGH 换热片搪瓷层没有明显损伤，搪瓷层表面光泽度好。

产品特性　本产品对 GGH 硬垢有较好的清除效果，具有环境污染小、适应性强等特点。采用本产品对 GGH 硬垢进行有效清洗后，首先可以完全避免因为 GGH 结垢造成脱硫系统停运甚至影响主机运行的风险；其次可以大大降低整个脱硫系统的阻力，从而有效降低增压风机运行电耗。

配方 134　医用器皿除垢剂

原料配比

原料		配比（质量份）		
		1#	2#	3#
宝藿苷 I		3	2	4
冰醋酸		4	5	3
聚氧乙烯山梨醇月桂酸酯		1	0.8	1.2
油酸三乙醇酰胺混合物		2.4	2.6	2.6
短链醇	甲醇、乙醇、异丙醇以任意比例混合物	3.6	3.5	3.5
稳定剂		0.05	0.02	0.07
脂肪醇	C₆～C₈ 醇	加至 100	加至 100	加至 100
油酸三乙醇酰胺混合物	聚乙二醇-400	10	10	10
	油酸	5	5	5
	三乙醇胺	3	3	3
	硼酸	1	1	1
稳定剂	烷基酚钡	8	8	8
	亚磷酸三壬基苯酯	2	2	2
	壬基苯酚	1	1	1
	2,6-二叔丁基对甲酚	1	1	1

制备方法

（1）将脂肪醇置于容器中，升温至 45～50℃，加入宝藿苷Ⅰ、聚氧乙烯山梨醇月桂酸酯搅拌 1.5～2h，然后降温至常温后，加入短链醇，搅拌 25～30min 后静置 8h；所述常温是指 18～26℃。

（2）在常温条件下，将油酸三乙醇酰胺混合物加入上述溶液中，搅拌 30～40min，在压力为 1.18MPa 的密闭容器中放置 1h。

（3）在上述溶液中加入剩余原料，搅拌 15～20min 后，静置 5～6 天即得。

原料介绍

所述油酸三乙醇酰胺混合物由聚乙二醇-400、油酸、三乙醇胺、硼酸以 10：5：3：1 的质量比制成。

所述宝藿苷Ⅰ中有效成分 HPLC 含量为 30％以上。

产品应用　本品主要用于医用器皿除垢。

使用方法：在清洗医用器皿时，将其涂抹在表面污垢处，过 5min 后对该处按普通方法擦拭冲洗即可；或将该制剂在相当于其质量 10 倍温度为 40℃的温水中，将医用器皿浸泡于其中，在 20min 后按常规方法用清水冲洗；冲洗完成后在 2min 内对医用器皿进行风干。

产品特性　本品对医用器皿金属表面有一定的保护作用，腐蚀性低，能够通过溶解医用器皿表面的矿物油脂、水垢起到去除作用；配合清洗、风干的步骤，防止医用器皿腐蚀生锈，延长了其使用寿命；制备过程简单易行，使用方法简单，易于推广使用。

配方 135　用于 MTO 水洗塔除垢剂

原料配比

原料	配比(质量份)					
	1#	2#	3#	4#	5#	6#
脂肪醇聚氧乙烯醚增溶剂	100	115	125	125	75	115
2-硝基-4-烷基酚聚氧乙烯醚增溶剂	140	115	115	125	150	115
烷基酚聚氧乙烯醚硫酸钠增溶辅剂	50	50	50	40	65	60
去离子水	210	210	210	210	210	210

制备方法　将脂肪醇聚氧乙烯醚增溶剂、2-硝基-4-烷基酚聚氧乙烯醚增溶剂、烷基酚聚氧乙烯醚硫酸钠增溶辅剂和去离子水放入容器中，加热至各组分完全溶解，搅拌混合均匀，冷却至室温后，过滤得到。所述的室温为 20～25℃。

原料介绍

所述的脂肪醇聚氧乙烯醚增溶剂结构式如（Ⅰ）所示：

$$RO(CH_2CH_2O)_nH \quad （Ⅰ）$$

其中，$R=C_{12}～C_{18}$ 烷基，$n=15～40$ 之间的整数，优选为 $R=C_{12}～C_{14}$ 烷基，

$n = 15 \sim 30$ 之间的整数。

所述的 2-硝基-4-烷基酚聚氧乙烯醚增溶剂分子式如（Ⅱ）所示：

$$R^1 \underset{\qquad}{\overset{NO_2}{\bigcirc}} O(CH_2CH_2O)_m H \qquad (Ⅱ)$$

其中，$R^1 = C_8 \sim C_{18}$ 烷基，$m = 15 \sim 40$ 之间的整数，优选为 $R^1 = C_{12} \sim C_{14}$ 烷基，$m = 15 \sim 30$ 之间的整数。

所述的烷基酚聚氧乙烯醚硫酸钠增溶辅剂分子式如（Ⅲ）所示：

$$R^2 \underset{\qquad}{\bigcirc} O(CH_2CH_2O)_p SO_3Na \qquad (Ⅲ)$$

其中，$R^2 = C_{12} \sim C_{18}$ 烷基，$p = 3 \sim 4$ 之间的整数，优选为 $R^2 = C_{16} \sim C_{18}$ 烷基，$p = 3 \sim 4$ 之间的整数。

产品应用　本品主要是一种用于 MTO 水洗塔除垢剂。

使用方法：只要加入到水洗塔的水洗水中即可。加入浓度只要大于临界胶团浓度（CMC）即可。

产品特性

（1）本品是依据增溶剂增溶原理而制成的，用于增溶的表面活性剂称为增溶剂，增大难溶物质的溶解度形成澄清溶液的过程称为增溶。增溶剂之所以能增大难溶性物质的溶解度，是由于它能在水中形成胶团（胶束）。胶团是由增溶剂的亲油基团向内（形成一极小油滴，非极性中心区），亲水基团向外而形成的球状体。整个胶团内部是非极性的，外部是极性的。由于胶团是微小的胶团粒子，其分散体系属于胶体溶液，从而可使难溶物质被包藏或吸附，增大溶解量。增溶剂最合适的亲水疏水平衡值（HLB）是 $15 \sim 18$。

（2）可以有效抑制水洗塔中的垢物生成。

（3）可以在线清除水洗塔中已经生成的垢物，避免由于结垢造成的非正常停车，为 MTO 装置的长周期运行提供必要条件。

（4）本品的除垢剂阻止或减少了高凝点副产物与催化剂粉末形成大颗粒物质的可能，同时还能促使已结成垢物的高凝点副产物溶解于水中，在线清除水洗塔中的垢物。

配方 136　用于采油输油设备析垢除垢的清洗分散剂

原料配比

原料	配比（质量份）		
	1#	2#	3#
酸洗剂	45	42	47
氯化十六烷基吡啶	17	15	12
多元醇磷酸酯	5	8	6

续表

原料		配比（质量份）		
		1#	2#	3#
烷基醇酰胺		5	3	5
水		28	32	30
酸洗剂	硝酸	3		
	氨基磺酸	1.5		
	聚天冬氨酸	0.5		

制备方法

（1）将硝酸、氨基磺酸和聚天冬氨酸组分按质量配比 3：1.5：0.5 配成酸洗剂。

（2）将酸洗剂、氯化十六烷基吡啶和多元醇磷酸酯、水常温下按照上述配比依次加入反应釜中，转速为 120r/min，搅拌 25～35min，混合均匀后再缓慢加入烷基醇酰胺，调低转速至 10r/min，继续搅拌 20min，混匀后静置 2～3h 得成品。

产品应用　本品主要用于采油输油设备除垢。

用于采油输油设备析垢除垢的清洗分散剂的使用方法，具体操作如下：

（1）用便携式 pH 计不间断测量采油输油设备中循环水的 pH 值，循环水温度在 40～50℃时，缓慢倒入清洗分散剂，当循环水 pH 值下降到 3～4 范围内时，停止投加清洗分散剂。

（2）随着清洗的进行，清洗分散剂不断被消耗，这时循环水 pH 值开始缓慢上升，当 pH 值超出 3～4 范围，继续补充清洗分散剂，使 pH 值维持在 3～4 范围内，继续清洗。

（3）自清洗开始时每隔 1h 记录循环水中钙硬度的变化和 pH 值，运行 7～8h，当钙硬度变化数值在 0～1000mg/L，这时开始排污。

（4）按步骤（1）～（3）再重新清洗 2～3 次。

产品特性

（1）酸洗剂通过层层分离作用，深入垢层内部，将 50mm 垢层逐层软化，再配合使用氯化十六烷基吡啶、多元醇磷酸酯、烷基醇酰胺能起到分散缓蚀双重作用，在清除垢层的同时很好地保护设备不被腐蚀。

（2）各组分之间配伍性能好，具有协同增效作用，使得清洗分散剂具有优异的渗透分散和缓蚀性能。经实验证明该清洗分散剂，除垢效果能够达到 98%，不破坏设备防腐层，同时具有保护设备不腐蚀设备的作用。

（3）本品渗透力强，清洗效率高，消耗量少。组分易于复配，用量少、成本低，长期存储稳定性好。

（4）本品易于复配，使用操作简单，成本低，长期存储稳定性好。

配方 137　用于近井地带的钡锶钙除垢解堵剂

原料配比

原料		配比（质量份）		
		1#	2#	3#
聚胺羧酸盐溶液	三乙烯四胺	50（体积）	—	—
	二乙烯三胺	—	50（体积）	50（体积）
	水	50（体积）	100（体积）	100（体积）
	环氧氯丙烷	24.9	40	40
	氯乙酸	109	172	180
	2℃冰水	218	344	216
	30%的氢氧化钠溶液	154	242	152
		调节溶液 pH 12	调节溶液 pH10	调节溶液 pH11
非离子型表面活性剂	脂肪醇聚氧乙烯醚类表面活性剂 AEO-9	50	—	—
	脂肪醇聚氧乙烯醚类表面活性剂 AEO-7	—	20	—
	烷基酚聚氧乙烯醚类表面活性剂 OP-7	—	—	25
破乳剂	AP 型破乳剂 AP212	40	—	—
	AE 型破乳剂 AEO604	—	20	—
	AP 型破乳剂 AP134	—	—	2

制备方法

（1）制备聚胺：室温条件下，将有机胺溶于 1～2 倍质量的水中，冰水浴控温，搅拌同时缓慢滴加环氧氯丙烷，所述有机胺与所述环氧氯丙烷的摩尔比为（1.05～1.5）∶1，滴加结束后恢复至室温条件下继续搅拌 1～2h，然后升温至 50～70℃搅拌 3～5h，停止加热，冷却至室温，即得到聚胺中间体溶液。

（2）制备聚胺羧酸盐：控温 1～5℃温度范围内，将氯乙酸溶于 2 倍质量的水中，所述氯乙酸与步骤（1）中所述有机胺的摩尔比为（2.5～5）∶1，搅拌同时缓慢滴加与氯乙酸等摩尔量的碱溶液或略多于氯乙酸物质的量的碱溶液，使所述氯乙酸中的氢离子完全被碱溶液中的氢氧根离子中和，制得对应的氯乙酸盐溶液，反应过程中用冰水浴控温，控制反应液温度不超过 30℃（反应温度可以在 5～30℃之间浮动）；将得到的氯乙酸盐溶液加入到步骤（1）中制得聚胺中间体溶液中，室温下搅拌 10～20min，然后滴加碱溶液调节溶液 pH 值至 10～12，再升温至 50～60℃之间反应 4～6h，即得到聚胺羧酸盐溶液。

（3）制备除垢解堵剂：在步骤（2）制得的聚胺羧酸盐溶液中加入非离子型表面活性剂和破乳剂，搅拌 15～30min 至混合均匀，即得到钡锶钙除垢解堵剂。

原料介绍

所述有机胺为乙二胺、二乙烯三胺或三乙烯四胺。

所述碱溶液为 30%的氢氧化钠溶液或 30%的氢氧化钾溶液。

产品应用 本品主要用于油田近井地带的除垢解堵。

产品特性

（1）该近井地带的钡锶钙除垢解堵剂配方中以具有极强的螯合能力的聚胺多羧酸盐为主剂，在碱性条件下溶解硫酸钙、硫酸钡、硫酸锶等难溶无机盐，且具有优越的防膨抑制能力和分散能力，起到抑制地层中黏土膨胀运移、阻止难溶无机盐聚集结垢，大大降低除垢剂对储层的二次伤害；另外，在配方中还优选了表面活性剂和破乳剂，其作用在于一方面可清洗水垢表面的浮油，有利于螯合剂与水垢的直接接触；另一方面可防止在施工过程中除垢剂造成储层水锁；同时有利于固体微粒的分散而不聚沉。

（2）该近井地带的钡锶钙除垢解堵剂对硫酸钡、硫酸锶、硫酸钙等难溶盐具有良好的清除效果，除垢率＞40%；同时，具有防膨抑制性能，黏土膨胀降低率＞80%，对设备的腐蚀性轻微，且不会造成水锁；能有效地对近井储层解堵，提高储层渗透率，进而提高油气资源的采收率。

（3）本品的除垢解堵剂具有黏土防膨抑制性能，有效防止除垢解堵剂在实际应用中引起黏土膨胀造成储层孔隙堵塞。本品的除垢解堵剂对钢材仅具有轻微腐蚀，完全可以满足井下施工要求。

配方 138　用于冷轧酸洗再生机组管道除垢的清洗剂

原料配比

原料	配比（质量份）		
	1#	2#	3#
氟化氢铵	53	50	47
氟化钠	15	18	22
三氯乙烯	30	25	18
乙醚	28	25	30
聚乙烯吡咯烷酮 K30	18	22	25
水	60	75	66
硝酸	38	30	35
丙烯酸-2-丙烯酰胺-2-甲基丙磺酸共聚物	15	12	18

制备方法

（1）按照上述质量份，在溶罐 A 中加入氟化氢铵、氟化钠和 1/3 的水，混合搅拌 30min 以上，得到混合液 a。

（2）按照上述质量份，在溶罐 B 中加入三氯乙烯和乙醚，混合搅拌 15min 以上，得到混合液 b。

（3）按照上述质量份，在溶罐 C 中加入聚乙烯吡咯烷酮 K30 和 2/3 的水，搅拌 30min 以上，再将硝酸、丙烯酸-2-丙烯酰胺-2-甲基丙磺酸共聚物加入，继续混合搅拌 20min 以上，得到混合液 c。

（4）在冷轧酸洗再生机组管道上加装一段融合管线，将上述步骤（1）、步骤（2）和步骤（3）中得到的混合液 a、混合液 b 和混合液 c 同时注入融合管线内，三种混合液在融合管线中的融合时间不小于 30s，根据融合时间设置融合管线的长度，融合后的混合液即为清洗剂。

产品应用　本品主要用于冷轧酸洗再生机组管道除垢。

用于冷轧酸洗再生机组管道除垢的清洗剂的使用方法如下：

冷轧酸洗再生机组管道酸洗除垢时间为 10h，清洗剂投加分三个阶段进行，粗洗阶段清洗 3h 后排污，清洗剂投加量 50～200mg/L；精洗阶段清洗 6h 后排污，每隔 1h 投加一次清洗剂，投加量为 100～500mg/L，并测定水中 SiO_2 含量，当测定水中 SiO_2 含量变化趋于稳定时，开始排污，再进行最后一阶段的冲洗；冲洗阶段清洗剂投加量为 10～100mg/L，冲洗 1h 后清洗结束。

产品特性

（1）本品适用于冷轧酸洗再生机组管道除垢清洗，清洗效果优异。

（2）本品对人体危害性相对较小，能够替代氢氟酸使用，安全性高，排放后污染小。

（3）本品除垢速度快、效率高，对铁盐垢和硅酸盐垢清除效果好，能够在 10h 内将酸洗再生管道清洗彻底，清洗效果好。

配方 139　用于煤粉锅炉锅炉水的除垢剂

原料配比

原料	配比（质量份）		
	1#	2#	3#
二氧化硅	30	28	20
碳酸钠	15	16	20
六偏磷酸钠	8	7	6
硼砂	3	4	5
亚硝酸钠	2	3	4
丹宁酸	2	1.2	1

制备方法　将各组分原料混合均匀，然后再将所述原料放入 1400～1500℃的高温炉中熔融，然后冷却结晶，再粉碎制成。

产品应用　本品主要用于煤粉锅炉除垢。

产品特性　该除垢剂腐蚀性不强，在快速去除锅炉水垢的同时，不会对锅炉设备造成损害，使用安全，同时兼具较好的除垢效果，能够广泛地应用于煤粉锅炉的除垢处理。

配方 140　用于食品加工设备清洗的除垢剂

原料配比

原料	配比(质量份)	原料	配比(质量份)
十二烷基二甲基胺乙内酯	23	柠檬酸	13
月桂醇聚氧乙烯醚	23	氯化钙	13
磺化琥珀酸二辛酯钠盐	18	酸性蛋白酶	3
丙二醇	13	碳酸氢钠	16
β-羟基丙三酸	13	去离子水	40

制备方法　将各组分原料混合均匀即可。

产品应用　本品用于食品加工设备清洗。

产品特性　本品对碳钢、铝、铜、不锈钢等金属均基本无腐蚀；原料安全环保，无任何食品安全隐患；对含动植物油脂、矿物油脂、钙镁离子水垢等重污垢有良好的去除效果，且不会对设备造成腐蚀。

配方 141　用于输油管道清洗中性自发热解堵除垢剂

原料配比

原料		配比(质量份)		
		1#	2#	3#
油醛混合液	凝析油	590	560	600
	煤油	150	160	140
	戊二醛	100	110	120
	辛二醛	100	120	80
	斯盘-60	10	8	10
	AEO-9	20	16	20
	吐温-21	30	25	30
A 乳液	水	600(体积)	580(体积)	610(体积)
	油醛混合液	400(体积)	420(体积)	390(体积)
预处理纳米铝粉	水	670	690	692
	聚乙烯醇	5	2	10
	纳米铝粉	325	308	300
悬浮 B 液	水	700	680	700
	柠檬酸铵	80	100	70
	氯化铵	110	100	100
	六偏磷酸钠	20	10	10
	预处理纳米铝粉	90	110	120

制备方法

（1）油醛混合液的配制：在反应器中加入凝析油、煤油、戊二醛、辛二醛、斯盘-60、AEO-9、吐温-21，搅拌溶解，得到油醛混合液。

（2）A乳液的配制：在高速分散机中加入水、步骤（1）所述的油醛混合液，转速为1500r/min，搅拌3h，再提高转速至2500r/min，反应1h，放置过夜，得到A乳液。

（3）纳米铝粉的预处理：反应器中加入水、聚乙烯醇，加热溶解，再加入纳米铝粉，充分搅拌12h，喷雾干燥，得到预处理纳米铝粉。

（4）悬浮B液的配制：反应器中加入水、柠檬酸铵、氯化铵、六偏磷酸钠，加入步骤（3）所制备的预处理纳米铝粉，高速搅拌均匀，得到悬浮B液。

产品应用　本品用于输油管道清洗。

使用方法：将温度在50℃的热水与A乳液、悬浮B液按体积比60∶20∶20混合后，用泵打入输油管道中，使输油管道充满混合液体，反应15～20h，检测压力，放出气体，将清洗废液体放出，加入破乳液，油相、水相分别回收再利用，获得优良的解堵除垢效果。

产品特性

（1）本品pH值在6.0～7.5之间；清洗剂及清洗的废液均呈中性，不会产生酸雾，不会腐蚀钢铁的设备结构，达到无腐蚀安全解堵除垢，中性解堵除垢剂热稳定性好，使用安全环保。

（2）本品既可以清除输油管道的聚合物料垢和沥青质垢，又能清除如碳酸钙、碳酸镁、硫酸钙、氧化铁等无机垢，自发热可以保持清洗液温度在50～60℃维持24h。

（3）本品不脱落垢渣和产生新的沉淀物，具有很好的络合性、分散性、渗透性和溶解性，反应物具有溶解性，不产生垢渣和二次沉淀，能有效地解决传统酸洗易脱落掉渣的问题，保证安全解堵。

（4）本品制备工艺简单，条件易于控制，生产成本低，使用安全，易于工业化生产，解堵速度快。

配方 142　用于水冷换热系统的高效保水杀菌除垢剂

原料配比

原料	配比（质量份）			
	1#	2#	3#	4#
聚乙烯醇	3	2	5	2
月桂酰精氨酸乙酯盐酸盐	8	10	5	5
烷基酚聚氧乙烯醚	55	50	52	60
碳酸氢钠	5	10	8	5
氯化钠	6	5	10	5

续表

原料	配比（质量份）			
	1#	2#	3#	4#
柠檬酸	15	15	10	18
乙醇	8	8	10	5

制备方法

（1）将聚乙烯醇、月桂酰精氨酸乙酯盐酸盐、碳酸氢钠、氯化钠分别研磨后，通过 500～1500 目的筛分。

（2）按质量份称取（1）的各原料组分，并混合均匀。

（3）按质量份称取烷基酚聚氧乙烯醚、柠檬酸、乙醇，并混合均匀。

（4）将（3）液体混合物升温至 50～70℃，加入步骤（2）固体混合物，混合溶解；常温静置 3h，即得所述高效保水杀菌除垢剂。

产品应用　本品用于水冷换热系统除垢。

产品特性

（1）本品性质相对比较温和，对金属无腐蚀，能安全有效地去除容器、管道中长期存留的水垢，杀菌能力、去垢能力强，不会对容器、管道造成二次损伤，还具有阻垢功能，延缓污垢的二次形成。

（2）本品具有生产工艺简单、生产成本低，生产使用安全、环保高效等特点，运输使用方便，保水、杀菌、除垢效果好。

配方 143　用于脱硫系统的软化除垢剂

原料配比

原料		配比（质量份）				
		1#	2#	3#	4#	5#
柠檬酸		6	10	8	8	7
乌洛托品		0.05	1	0.5	0.3	0.8
络合剂	乙二胺四乙酸	1	—	—	2.5	—
	磺基水杨酸	—	3	—	—	—
	二巯基丙烷磺酸钠	—	—	2	—	1.5
分散剂	膦酰基羧酸共聚物	3	—	—	6	—
	聚丙烯酸钠	—	7	—	—	—
	水解聚马来酸酐	—	—	5	—	4
表面活性剂	十二烷基苯磺酸钠	0.05	—	—	0.7	—
	硬脂酸	—	1	0.5	—	0.2
水		80	90	85	82	88

制备方法

（1）将反应釜冲洗干净，关闭放料阀，向反应釜中加入 2/3 量的水，然后按比例依次加入柠檬酸、乌洛托品和络合剂，开启加热装置并搅拌，保持温度在

35～45℃。

（2）待固体溶完后，向反应釜中加入表面活性剂，搅拌混匀后，再依次向反应釜中加入分散剂，并补足余量水，搅拌 25～35min，至溶液澄清，打开冷却水，降温至 25～35℃后停止搅拌。

（3）打开放料阀，过滤所得溶液即为除垢剂。

产品应用 本品用于脱硫系统的软化除垢。

用于脱硫系统的软化除垢剂的使用方法如下：

（1）按比例向脱硫系统中加入石灰，反应 2～4min；再加入纯碱，反应 2～4min，配合混凝剂进行絮凝沉降，对脱硫废水中的钙镁致垢离子进行软化处理：石灰和纯碱的添加比例为 0.02%～0.04%。混凝剂为三氯化铁，混凝剂的添加比例为 0.01%～0.02%。

（2）再向脱硫系统中加入除垢剂，进行除垢处理。除垢剂的添加比例为 0.01%～0.02%。

产品特性 本品的目的在于解决脱硫系统中高效软化除垢的问题，在满足软化处理效果的情况下进一步除垢，从而达到火电行业脱硫废水零排放的标准。在具有优良的软化效能的同时，又有除垢的作用，高效软化除垢的生产工艺简单、成本低、用量少、无毒无害，从而提高系统运行的可靠性和稳定性，降低系统运行成本。

配方 144　用于油井快速清洗解堵除垢剂

原料配比

原料		配比（质量份）			
		1#	2#	3#	4#
油醇混合液	汽油	220	200	240	230
	凝析油	510	540	500	480
	煤油	80	90	100	100
	正庚醇	130	140	150	120
	斯盘-20	20	20	20	18
	AEO-3	15	8	16	15
	吐温-60	25	12	34	27
A 乳液	水	580（体积）	550（体积）	600（体积）	560（体积）
	油醇混合液	420（体积）	450（体积）	400（体积）	440（体积）
B 液	水	750	720	780	730
	水溶性聚磷酸铵	80	100	60	90
	柠檬酸铵	120	140	100	130
	1,2-环己二胺四乙酸	50	40	60	50

原料		配比（质量份）			
		1＃	2＃	3＃	4＃
C液	水	650	620	680	630
	衣糠酸	100	110	70	120
	乙二胺	50	55	30	60
	氯化镁	100	80	90	110
	丁二醛	70	90	80	60
	氯化铜	10	20	20	10
	蔗糖脂肪酸酯	10	15	15	10
	OP-10	10	15	15	10

制备方法

（1）油醇混合液的配制：在反应器中加入汽油、凝析油、煤油、正庚醇、斯盘-20、AEO-3、吐温-60，搅拌溶解，得到油醇混合液。

（2）A乳液的配制：在高速分散机中加入水、步骤（1）所述的油醇混合液，转速为2000r/min，搅拌2.5h，再提高转速至2800r/min，反应50min，放置过夜，得到A乳液。

（3）B液的配制：反应器中加入水、水溶性聚磷酸铵、柠檬酸铵、1,2-环己二胺四乙酸，搅拌溶解，得到B液。

（4）C液的配制：反应器中加入水、衣糠酸、乙二胺，控制温度在（45±2）℃恒温、搅拌、反应60min，冷至室温，再加入氯化镁，搅拌、溶解，再加入丁二醛、氯化铜、蔗糖脂肪酸酯、OP-10，搅拌混匀，得到C液。

产品应用　本品用于油井快速清洗解堵除垢。

使用方法：

（1）将温度在70℃的热水与A乳液、C液按体积比80∶14∶6混合后，用泵打入油井中，使井内充满混合液体，关井反应5～6h，将液体放出。

（2）将温度在70℃的热水与B液、C液按体积比60∶30∶10混合后，用泵打入油井中，使井内充满混合液体，关井反应10～12h，将液体放出，清水冲洗即可。

产品特性

（1）本品pH值在6～7.5之间；除垢剂及除垢的废液均呈中性，不会产生酸雾，不会腐蚀钢铁的设备结构，达到无腐蚀安全解堵除垢，解堵除垢剂热稳定性好，使用安全环保，适合推广。

（2）本品既可以清除抽油机井和螺杆泵井的聚合物料垢和沥青质垢，又能清除如碳酸钙、碳酸镁、硫酸钙、氧化铁等无机垢。

（3）本品不脱落垢渣和产生新的沉淀物，具有很好的络合性、分散性、渗透性和溶解性，反应物具有溶解性，不产生垢渣和二次沉淀，能有效地解决传统酸洗易脱落大渣卡泵和堵死采油井的问题，保证安全解堵。

（4）本品制备工艺简单，条件易于控制，生产成本低，使用安全，易于工业化生产，解堵速度快。

配方 145　用于油田污水处理系统的阻垢除垢剂

原料配比

原料	配比（质量份）		
	1#	2#	3#
丙烯酸	20	20	20
甲基丙烯酸	20	24	16
烯丙基磺酸钠	1.8	1.4	1.2
过硫酸铵	10	4	8
40%的 NaOH 溶液	调节 pH 值 5	调节 pH 值 6	调节 pH 值 7

制备方法

（1）按质量份取各原料。

（2）将上述各原料分别加蒸馏水配制为质量分数为 15%～20% 的水溶液。

（3）将烯丙基磺酸钠溶液升温至 80℃ 并保持，同时滴加丙烯酸、甲基丙烯酸及过硫酸铵溶液进行反应，全部丙烯酸、甲基丙烯酸及过硫酸铵溶液在 2h 内滴加完毕，维持恒温继续反应 3～4h。

（4）反应结束后冷却至室温，用质量分数为 40% 的氢氧化钠溶液调节反应后溶液的 pH 值至 5～7。

产品应用　本品用于油田污水处理系统的阻垢除垢。

产品特性　本品制备方法中，采用丙烯酸、甲基丙烯酸、烯丙基磺酸钠单体合成了一种三元共聚阻垢除垢剂，制备过程中无废盐产生，工艺简单、生产成本低。所得本品的用于油田污水处理系统的阻垢除垢剂不仅有阻垢作用，还能通过热液循环或浸泡的办法使垢物溶解或变得疏松易于脱落，从而达到除垢效果。另外，本品的阻垢除垢剂中不含磷，长期或者大剂量使用不会造成水体的富营养化。本品的阻垢除垢剂可与有机磷酸盐、锌盐缓蚀剂等水处理剂复配使用，也可单独使用。

配方 146　用于注水井长效降压增注的除垢剂

原料配比

原料		配比（质量份）					
		1#	2#	3#	4#	5#	6#
聚氧乙烯脱水山梨醇单油酸酯		10	11	12	10	11	12
有机膦酸羧酸阻垢剂	2-磷酸基-1,2,4-三羧酸丁烷	25	—	—	28	—	—
	三羧酸丁烷膦酸	—	26	—	—	29	—
	对羧基苯基膦酸	—	—	27	—	—	27

续表

原料		配比（质量份）					
		1#	2#	3#	4#	5#	6#
阴离子表面活性剂	十二烷基苯磺酸	5	—	—	8	—	—
	α-磺基单羧酸	—	6	—	—	6	—
	脂肪酸磺烷基酯	—	—	7	—	—	7
有机硅表面活性剂	二甲基聚硅氧烷	3	—	5	—	3	—
	环状聚硅氧烷	—	4	—	6	—	5
分散剂	乙二醇丁醚	2	—	—	5	—	—
	三乙基己基磷酸	—	3	—	—	2	—
	聚丙烯酰胺	—	—	4	—	—	4
稀释剂	正丁醇	15	—	—	—	15	—
	工业乙醇	—	16	—	18	—	—
	甲醇	—	—	17	—	—	17
多氨基多醚基亚甲基膦酸		13	14	15	13	14	15
水		12	13	13	14	12	14

制备方法

（1）向干燥的搪瓷反应釜中，依次加入 12～14 份水，25～30 份的有机膦酸羧酸阻垢剂、5～8 份的阴离子表面活性剂、10～12 份的聚氧乙烯脱水山梨醇单油酸酯、13～15 份的多氨基多醚基亚甲基膦酸，进行搅拌。

（2）边搅拌边加入 3～6 份有机硅表面活性剂，直至各种溶剂完全混合。

（3）加热反应釜至 72～78℃反应 1～4h 后，冷却至室温。

（4）加入 15～18 份的稀释剂和 2～5 份的分散剂，出料，完成用于注水井长效降压增注的除垢剂的制备。

产品应用　本品用于注水井长效降压增注的除垢。

产品特性

（1）本品加药浓度在 0.2% 时，该除垢剂常温下外观为无色透明液体，腐蚀速率≤0.043mm/a，对设备及管束的腐蚀性低，防膨率≥80%，缩膨率≥40%；除垢剂对硫酸钙垢阻垢率≥95%，对碳酸钙垢阻垢率≥90%；除垢剂的表面张力≤24mN/N，界面张力≤10^{-3}mN/N。

（2）本品能有效解除硫酸钙、碳酸钙等沉淀，从而增加地层渗透率，且对设备及管束的腐蚀性低，注入地层后，在降低界面张力的同时，通过溶蚀近井地带的碳酸钙、硫酸钙等沉淀，恢复原注水通道，降低注水压力，提高注水量，保证原有注水系统的正常运行，改善欠注井的注水现状，具有较好的防膨、缩膨能力，以及较低的表面、界面张力，该除垢剂减小了液滴通过狭窄孔时的形变功，减少毛细管阻力，使孔隙介质中的液滴从岩石表面拉开的形变功大大减小，增加了它在地层孔隙中的移动速度。

配方 147　油田集输系统和注水系统用中性除垢剂

原料配比

原料	配比（质量份）			
	1#	2#	3#	4#
次氮基三乙酸钠	15	10	15	12
乙二胺四亚甲基膦酸钠	10	15	10	12
二乙烯三胺五乙酸	6	10	8	12
四羟甲基硫酸磷	5	8	5	8
酒石酸钾钠	4	6	2	3
柠檬酸铵	1.5	1.5	1	1
平平加 AEO-9	0.5	0.5	0.2	0.5
OEP-70	0.2	0.5	0.1	0.1
水	57.8	48.5	58.7	51.4

制备方法　将各组分原料混合均匀即可。

产品应用　本品用于油田集输系统和注水系统除垢。

产品特性　本品具有组分简单、配制方便、快速高效、成本低廉、除垢效率高、使用量低、对设备无危害、对环境友好、可不停产除垢、副作用小等特点。

配方 148　油田输油管道在线清洗除垢的清洗分散剂

原料配比

原料	配比（质量份）			
	1#	2#	3#	4#
羟基乙酸	22	18	20	22
氨基磺酸	17	23	23	20
乙二胺四乙酸二钠	18	15	13	15
D-异抗坏血酸钠	28	23	23	25
2-膦酸基丁烷-1,2,4-三羧酸	10	8	10	13
脂肪醇聚氧乙烯醚	2	4	4	3
水	33	39	37	32

制备方法　将 2-膦酸基丁烷-1,2,4-三羧酸 5～15 份和水 30～40 份在常温下混合搅拌 10～20min，之后在搅拌状态下依次加入羟基乙酸 15～25 份、氨基磺酸 15～25 份、乙二胺四乙酸二钠 10～20 份，搅拌 25～35min，待完全溶解混合均匀后，最后将 D-异抗坏血酸钠 20～30 份和脂肪醇聚氧乙烯醚 1～5 份加入，继续搅拌 20min，混匀后即得清洗分散剂。

产品应用　本品用于油田输油管道在线清洗除垢。使用方法如下：

（1）在线清洗油田输油管道水温在 40～50℃，清洗分散剂的使用量按照现场采出油水混合液循环水系统保有水量 0.4～0.5g/L 一次性投加。

（2）在线清洗随着现场采出油水混合液循环水系统运行同步进行，清洗时间为 168～216h，待油田输油管道进出口压差恢复到输油管道规定压差范围 0～1MPa，在线清洗完成。

产品特性

（1）本品具有清洗时间短、在线清洗不影响生产、节水、清洗效率高、对采油输油管道无腐蚀的特点，并且该清洗分散剂绿色环保，在水体中能够自然降解，无毒无污染。

（2）本品所选试剂均具有低毒、易于生物降解特性，在线清洗后外排水无需集中处理，不污染环境。

（3）本品特别针对油田输油管道在线清洗设计，对沉积垢清洗效果很好，各组分之间具有良好的协同增效性，使得清洗分散剂作用效果优异，同时具有优异的渗透分散和缓蚀性能。

（4）本品的清洗分散剂组分容易复配，稳定性好，价格低，安全性高。

配方 149　油井用固体除垢酸棒

原料配比

原料		配比（质量份）
主体酸		88.4
硫脲		1.8
十二烷基苯磺酸钠		1.8
聚合度 30 的平平加		3.6
羧甲基纤维素钠		0.2
溴化锌		4
阳离子聚丙烯酰胺		0.2
主体酸	氨基磺酸	33
	硝酸	25
	乙二胺四乙酸	30.4

制备方法

（1）首先制备主体酸部分：按照配方，分别称取氨基磺酸粉末、硝酸粉末、乙二胺四乙酸粉末、聚合度 30 的平平加、硫脲粉末及十二烷基苯磺酸钠粉末，然后将上述组分混合在一起并搅拌均匀。

（2）制备酸棒：按照配方，分别称取羧甲基纤维素钠、溴化锌及阳离子聚丙烯酰胺，然后将上述组分加入到步骤（1）制备的主体酸中，搅拌均匀后放入压力机中进行压制成型。

原料介绍　硝酸粉末（固体硝酸）是由多种具有不同用途的化学药剂组成，用于恢复油田注水井的吸水能力或改变油井的渗透率。通过这项措施处理后，使一些原来注不进水或注水不正常的水井能够正常注水，提高了注水开发区块的开发效果；用于油井，能够大大改善其渗透率，为油井的增产提供了条件。

产品应用　本品用于油井除垢。

产品特性　本产品克服了强酸的强腐蚀性、强刺激性和生产使用不方便等缺点，保持了其强溶解性、弱酸性等优点，使其能够有效除垢，且不与管柱、胶筒发生腐蚀。本产品的存放期大于150天，能够满足现场投放器带压投放。

配方 150　油田注水井除垢剂

原料配比

原料	配比（质量份）				
	1#	2#	3#	4#	5#
盐酸（质量分数28%～38%）	10	15	5	12	11
乙酸钠	1	0.2	0.1	1	1.2
柠檬酸钠	1.5	0.5	0.1	1	1.2
氟化钠	1.5	0.1	3	0.1	0.1
酒石酸钾钠	3	2	1	1	1
松香酸聚氧乙烯酯	0.5	0.5	0.5	0.3	0.3
拉开粉	0.2	0.4	0.4	0.1	0.1
顺丁烯二酸二仲辛酯磺酸钠	1	1.5	1.5	0.2	0.2
固体亚氯酸酐	0.6	0.6	0.1	0.3	0.2
羟基亚乙基二膦酸	1.2	1.5	0.5	1.3	1.2
水	79.5	77.7	87.8	82.7	83.5

制备方法

（1）在常温条件下，在带搅拌器的耐酸配液罐内加入水，将乙酸钠、柠檬酸钠、酒石酸钾钠、氟化钠、松香酸聚氧乙烯酯、拉开粉、顺丁烯二酸二仲辛酯磺酸钠七种组分按质量配比加入水中，搅拌均匀，产生泡沫，各组分加入顺序随意。

（2）在搅拌条件下，将按质量配比称量好的羟基亚乙基二膦酸加入上述配制好的混合溶液中，搅拌均匀。

（3）在搅拌条件下，加入按质量配比称量好的固体亚氯酸酐，搅拌均匀。

（4）在搅拌条件下，加入按质量配比称量好的盐酸，搅拌均匀，得到淡黄色透明的油田注水井除垢剂。

产品应用　本品主要用于油田注水井除垢，适用于清除注水井在注水过程中生成的各类结垢，包括碳酸盐垢、硫酸盐垢、硫化亚铁垢、油垢、硅酸盐垢等。

油田注水井除垢剂的使用方法，先将注水井放空泄压；等放空泄压完成后用泵以小排量正注或反注的方式将油田注水井除垢剂注入结垢井筒（正注时先打开套管阀门，用管线连接到放空池或者连接到装除垢剂的罐中；反注时打开油管阀门，用管线连接到放空池或者连接到装除垢剂的罐中）；待除垢剂充盈油套环形空间和油管后，停止注入，反应2h；反应完成后用清水正常洗井，正洗反洗皆可，洗井完成后即完成除垢。

产品特性 本产品对注水井中碳酸盐垢、硫酸盐垢、硫化亚铁垢、油垢、硅酸盐垢等进行浸泡冲洗，2h 左右能完成除垢，且对油套管和注入设备腐蚀小，对设备腐蚀度低于 $0.5994mg/(cm^2 \cdot h)$；除垢作业安全，作业过程中不会有 H_2S 气体放出。

配方 151　中央空调循环水系统的除垢剂

原料配比

原料	配比(质量份)	原料	配比(质量份)
氨基磺酸	34	腐植酸钠	5
柠檬酸	25	纯净水	30
乙二胺四乙酸	16		

制备方法 将各组分原料混合均匀即可。

产品应用 本品主要用于中央空调循环水系统的除垢。

产品特性 本产品的主要成分为混合酸，主要作用机理是利用其本身的氧化性、酸性和所带活性基团的螯合能力，将覆盖在金属表面的污垢和腐蚀产物等剥离、浸润、分散、螯合至洗液中，以达到清洗的目的，是一种环保、性能优良的空调循环水系统的除垢剂。本产品性质相对比较温和，基本不产生对金属的腐蚀，能安全、有效、快速地去除金属表面的多种沉积物、垢质，由于组分经复合配制而成，可以互相补足，发挥最大的作用。

配方 152　中央空调专用除垢剂

原料配比

原料	配比(质量份)		
	1#	2#	3#
蒸馏水	50	65	80
柠檬酸	10	20	30
木质素磺酸钠	15	18	20
草酸	3	5	8

制备方法 将蒸馏水加入反应容器中，然后依次将柠檬酸、木质素磺酸钠、草酸投加入反应容器中，搅拌 1h 后即得成品。

产品应用 本品主要用于中央空调除垢。

产品特性

（1）本产品中所使用的柠檬酸为有机酸，对金属材料的腐蚀性较无机酸弱，与 Fe^{3+} 形成络合物，以去除铁垢和铁锈。

（2）本产品中所使用的木质素磺酸钠的结构单元上含有酚羧基和羧基，能生成不溶性的蛋白质络合物，具有分散、黏合、络合与乳化-稳定作用，对中央空调循环水起到阻垢分散和缓蚀作用。

（3）本产品对铜管及其他金属管道腐蚀能力小，不容易产生氢脆现象，除锈垢率高，并有一定的缓蚀作用，使用安全。

配方 153　注水井管柱用有机酸除垢剂

原料配比

原料		配比（质量份）		
		1#	2#	3#
有机酸		7	18	15
缓蚀剂		3	1	2
渗透剂		1	5	2.6
水		加至 100	加至 100	加至 100
有机酸	氨基磺酸	2	8	5
	固体硝酸	5	10	10

制备方法　将各组分原料混合均匀即可。

原料介绍　所述的缓蚀剂为缓蚀剂 LJ-1，缓蚀剂 LJ-1 为六亚甲基四胺与甲基戊炔醇的复配物，复配质量比例为 1:1。

所述的渗透剂为渗透剂 LJ-2，渗透剂 LJ-2 为以多乙烯多胺为起始剂的聚氧乙烯聚氧丙烯聚醚与阳离子双子表面活性剂的复配物，复配质量比例为 3:7。

产品应用　本品主要是一种注水井管柱用有机酸除垢剂。

产品特性　本产品在温度 50℃，反应时间 12h 时，对碳酸钙垢的除垢率大于 85%，对硫酸钙垢的除垢率大于 50%，对 N-80 钢片的腐蚀速率小于 $2g/m^2$，缓蚀率大于 90%。

配方 154　铸造铝合金洗白除垢溶液

原料配比

原料		配比/（g/L）			
		1#	2#	3#	4#
氧化剂	过氧化氢	40	—	30	70
	过硫酸铵	—	12	100	150
络合剂	柠檬酸	20	—	20	40
	酒石酸	—	5	10	20
	草酸	—	10	20	20
助洗剂	氟化铵	100	—	100	200
	氟化氢铵	—	100	100	120
缓蚀剂	硫脲	10mg/L	—	20mg/L	35mg/L
	烯丙基硫脲	—	4mg/L	6mg/L	6mg/L

制备方法 将各组分原料混合均匀即可。

产品应用 本品主要用于铸造铝合金洗白除垢。

产品特性

（1）溶液配制完成后 pH2～2.5，且有缓蚀剂存在，腐蚀性不显著，不会影响加工件尺寸精度。

（2）不含磷酸，不产生磷的排放，废水处理容易。

（3）不含硝酸，生产过程中不产生氮氧化物棕色烟雾的排放，改善生产环境，减少废气处理。

（4）在常温下，经本产品所述溶液处理铸造铝合金 10～120s 后，产品表面洁白、色泽均匀，经清洗后即可进行沉淀锌等后续工序，后续镀层结合力好。

配方 155 中性均相自发热双效解堵除垢剂

原料配比

原料		配比（质量份）			
		1#	2#	3#	4#
油醛混合液	凝析油	580	560	600	590
	汽油	140	150	120	130
	丙酮	70	80	40	60
	水杨醛	80	60	70	85
	戊二醛	90	100	100	100
	斯盘-40	18	14	22	16
	AEO-4	20	16	24	18
	OP-10	22	18	26	20
A 乳液	水	580（体积）	560（体积）	600（体积）	570（体积）
	油醛混合液	420（体积）	440（体积）	400（体积）	430（体积）
复合粉体	水	660	680	640	650
	水溶性树脂	5	4	8	10
	纳米铝粉	275	250	270	300
	纳米锌粉	60	70	80	40
悬浮 B 液	水	680	640	650	700
	氯化铵	130	120	140	120
	乙二胺四乙酸二钠	30	20	40	20
	六偏磷酸钠	20	30	10	20
	聚天冬氨酸钠	30	40	20	20
	1-乙基-3-甲基咪唑六氟磷酸盐	30	40	20	20
	复合粉体	80	110	120	100

制备方法

(1) 油醛混合液的配制：在反应器中加入凝析油、汽油、丙酮、水杨醛、戊二醛、斯盘-40、AEO-4、OP-10，搅拌溶解，得到油醛混合液。

(2) A乳液的配制：在高速分散机中加入水、步骤（1）所述的油醛混合液，转速为2200r/min，搅拌4h，再提高转速至2500r/min，反应1h，放置过夜，得到A乳液。

(3) 复合粉体的制备：反应器中加入水、水溶性树脂加热溶解，再加入纳米铝粉、纳米锌粉，充分搅拌8h，喷雾干燥，得到复合粉体。

(4) 悬浮B液的配制：反应器中加入水、氯化铵、乙二胺四乙酸二钠、六偏磷酸钠、聚天冬氨酸钠、1-乙基-3-甲基咪唑六氟磷酸盐，加入步骤（3）所制备复合粉体，高速搅拌均匀，得到悬浮B液。

产品应用 本品用于油田油井、输油管道解堵除垢。

使用方法：将温度在50℃的热水与A乳液、悬浮B液按体积比70∶15∶15混合后，用泵打入输油管道、油井中，使输油管道充满混合液体，反应22~28h，检测压力，放出气体，将废液放出，加入破乳液，油相、水相分别回收再利用，获得优良的解堵除垢效果。

产品特性

(1) 本品pH值在6.0~8.0之间；除垢剂及除垢的废液均呈中性，不会产生酸雾，不会腐蚀钢铁的设备结构，达到无腐蚀安全解堵除垢，中性解堵除垢剂热稳定性好，使用安全环保，适合推广。

(2) 本品既可以清除输油管道的聚合物料垢和沥青质垢，又能清除如碳酸钙、碳酸镁、硫酸钙、氧化铁等无机垢，尤其对硫酸钡、硫酸锶具有很好的清除作用，自发热可以保持除垢液温度在50~60℃维持24h。

(3) 本品不脱落垢渣和产生新的沉淀物，具有很好的络合性、分散性、渗透性和溶解性，反应物具有溶解性，不产生垢渣和二次沉淀，能有效地解决传统酸洗易脱落掉渣的问题，保证安全解堵。

(4) 本品废液回收再利用，由于本解堵剂是由凝析油、醛类、络合剂、离子液体、乳化剂、无机盐等组成，与输油管道中的有机垢和无机垢反应后的产物为易溶解的物质，减少了除垢废液处理工序费用。

(5) 本品制备工艺简单，条件易于控制，生产成本低，使用安全，易于工业化生产，解堵速度快。

参 考 文 献

中国专利公告

CN-201510478780. 5
CN-201710327526. 4
CN-201610592927. 8
CN-201811525659. 3
CN-201710264259. 0
CN-201710263844. 9
CN-201610587779. 0
CN-201610592984. 6
CN-201610592985. 0
CN-201710264812. 0
CN-201611127167. X
CN-201510275492. X
CN-201810678598. 8
CN-201610590255. 7
CN-201610992304. X
CN-2013105134188
CN-201510477374. 7
CN-201510865415. X
CN-201610587675. X
CN-201610592698. X
CN-201510040988. 9
CN-201811383350. 5
CN-201610592064. 4
CN-201610240154. 7
CN-201510747159. 4
CN-201710354445. 3
CN-201610592342. 6
CN-201710838670. 4
CN-201610592141. 6
CN-201610592717. 9
CN-201310517703. 7
CN-201210362476. 0
CN-201611220047. 0
CN-201610034780. 0
CN-201610590541. 3
CN-201510269792. 7
CN-201610992295. 4
CN-201610590542. 8
CN-201610693579. 3

CN-201510698627. 3
CN-201710352116. 5
CN-201510792498. 4
CN-201610592719. 8
CN-201310509478. 2
CN-201410372368. 0
CN-200910259996. 7
CN-201610706512. 9
CN-201610520581. 0
CN-201811124925. 1
CN-201710840691. X
CN-201510306939. 5
CN-201510917905. X
CN-201810322501. X
CN-201811592585. 5
CN-201811046436. 9
CN-201510696573. 7
CN-201510447512. 7
CN-201310454092. 6
CN-200910213104. X
CN-201310627140. 7
CN-201710487967. 0
CN-201410435619. 5
CN-201510211449. 7
CN-201410467486. X
CN-201410292813. 2
CN-201510309128. 0
CN-201711202323. 9
CN-201510847867. 5
CN-201810185006. 9
CN-201711001636. 8
CN-201510304949. 5
CN-201611135244. 6
CN-201811248177. 8
CN-201610036757. 5
CN-201710815401. 6
CN-201711238039. 7
CN-201510211314. 0
CN-201510251013. 0
CN-201810696120. 8

CN-201610592154. 3
CN-201710208906. 6
CN-201811012026. 9
CN-201810121627. 0
CN-201710412506. 7
CN-201811515040. 4
CN-201611104629. 6
CN-201510258598. 9
CN-201010276833. 2
CN-201510615065. 1
CN-201110190451. 2
CN-201110426150. 5
CN-201510214955. 1
CN-201510865441. 2
CN-201510053842. 8
CN-201510084214. 6
CN-201810121655. 2
CN-201610403326. 8
CN-201710510037. 2
CN-201610275340. 4
CN-201610857418. 3
CN-201410683670. 8
CN-201310514891. 8
CN-201310725161. 2
CN-201811560354. 6
CN-201610857297. 2
CN-201510211485. 3
CN-201110080061. X
CN-201610854987. 2
CN-201910113621. 3
CN-201811209342. 9
CN-201610376466. 0
CN-201610275057. 1
CN-201610376460. 3
CN-201811105621. 1
CN-201510252099. 9
CN-201410114629. 9
CN-201710759380. 0
CN-201910292010. X
CN-201710784117. 7

CN-201410357960. 3
CN-201310567233. 5
CN-200910156321. X
CN-201010587123. 1
CN-201410352622. 0
CN-201210287449. 1
CN-201510068794. X
CN-201410355086. X
CN-201710452603. 9
CN-201710258622. 8
CN-201610857258. 2
CN-201610928504. 9
CN-201510698238. 0
CN-201610596464. 2
CN-201810810346. 6
CN-201310442295. 3
CN-201210288028. 0
CN-201711276509. 9
CN-201711276516. 9
CN-201610590485. 3
CN-201811615604. 1
CN-201711118085. 3
CN-201710937921. 4
CN-201510306311. 5
CN-201810052906. 6
CN-201410337563. X
CN-201110222391. 8

CN-201110231548. 3
CN-201010100301. 3
CN-201310004325. 2
CN-201711272444. 0
CN-201510194570. 3
CN-201310730694. X
CN-201010100271. 6
CN-201410426266. 2
CN-201010100253. 8
CN-2014100312319
CN-201310376739. 8
CN-201210338130. 7
CN-201310486937. X
CN-201910541637. 4
CN-201810248472. 7
CN-201610106643. 3
CN-201710139717. 8
CN-201610592930. X
CN-201510450817. 3
CN-201510716389. 4
CN-201610722217. 2
CN-201510271017. 5
CN-201610337555. 4
CN-201710381065. 9
CN-201910301661. 0
CN-201510198064. 1
CN-201610709319. 0

CN-201610595167. 6
CN-201811340407. 3
CN-201810979037. 1
CN-201711286014. 4
CN-201710887653. X
CN-201310100496. 5
CN-201710133520. 3
CN-201610243528. 0
CN-201610918074. 2
CN-201810926460. 5
CN-201610270942. 0
CN-201711103040. 9
CN-201910301649. X
CN-201811295399. 5
CN-201810256903. 4
CN-201910291872. 0
CN-201510585130. 0
CN-201610856173. 2
CN-201710881218. 6
CN-201610919691. 4
CN-201110219336. 3
CN-201310079116. 4
CN-201310550828. X
CN-201110426155. 8
CN-201510089699. 8
CN-201510207119. 0
CN-201910301650. 2